星空摄影与后期
从入门到精通

龙飞◎策划　　毛亚东 墨卿◎编著

STAR PHOTOGRAPHY AND LATER STAGE FROM
INTRODUCTION TO PROFICIENCY

化学工业出版社

·北京·

全书内容分为三篇，分别为新手入门篇、拍摄准备篇、实拍案例和综合处理篇。从星空摄影入门知识、拍摄环境、参数设置、构图取景技巧，到用相机与手机拍星空、星轨、延时视频，再到星空与星轨大片的后期处理，都做了全面的讲解，帮您实现追星梦与技术上的跃迁。

同时，详细介绍了30多个最适合拍摄星空的景点，以及128条拍摄经验，让您在拍摄的同时领略国内外星空的无限魅力。书中展示了国内云南大理、泸沽湖，新疆赛里木湖、伊犁，青海茶卡盐湖、大柴旦盐湖，内蒙古明安图、阿拉善、巴彦淖尔，山西韩庄村长城、庞泉沟、柏叶口水库，湖南雪峰山、大围山，山西长治长顺、五台山、太原娄烦，大连大黑石，西藏林芝等地的大美星空作品，以及国外冰岛，澳大利亚大洋路刀锋岩，悉尼蓝山等秘境作品。

本书适合初学星空摄影的摄影爱好者，以及想要进一步学习如何拍摄银河、星轨、延时视频的星空摄影进阶者。

图书在版编目（CIP）数据

星空摄影与后期从入门到精通/毛亚东，墨卿编著． — 北京：

化学工业出版社，2019.11

ISBN 978-7-122-35115-9

Ⅰ.①星…　Ⅱ.①毛…　②墨…　Ⅲ.①天文摄影—摄影艺术

Ⅳ.①TB869

中国版本图书馆CIP数据核字（2019）第188226号

责任编辑：李　辰　孙　炜　　　　　　　　装帧设计：异一设计

责任校对：王素芹

出版发行：化学工业出版社（北京市东城区青年湖南街 13 号　邮政编码 100011）

印　　装：北京东方宝隆印刷有限公司

787mm×1092mm　1/16　印张 16 ¹/₂　字数 400 千字　2019 年 11 月北京第 1 版第 1 次印刷

购书咨询：010-64518888　　售后服务：010-64518899

网　　址：http://www.cip.com.cn

凡购买本书，如有缺损质量问题，本社销售中心负责调换。

定　价：118.00 元　　　　　　　　　　　　　　　　版权所有　违者必究

星空摄影是我的至爱，《西藏星空》这部延时摄影作品就表达了我对藏地星空的情怀。由于拍摄星空受环境、时间和气候等条件的影响，要拍出绝美的星空大片需要付出很多，这本书里的每一张作品，带给您的不仅是技术，还有一个一个鲜活的追星人的故事。

王源宗 8KRAW 创始人、著名星空摄影师、航拍师、延时摄影师

星空摄影是近几年很火的题材！我在 8KRAW、天空之城、抖音等平台上也发过星空摄影作品，知道其难度。这本书荟萃了两位"追星人"的 128 个拍星技巧，拍出来的星空照片极具震撼力，是一本值得一看的星空摄影入门教程。

陈雅（Ling 神） 8KRAW 联合创始人、影像村联合创始人、
著名星空摄影师、风光摄影师

这些年，我一直与星星同行，星星在哪里，我就在哪里，一年一半以上的时间都在"追星"路上。但要拍好星空，不仅需要时间，还需要技术，这本星空摄影书从理论到实战，讲解详细，是一本难得的星空摄影实用工具书。

叶梓颐 - 巡天者 著名天文摄影师、格林威治天文台年度摄影师大赛获奖者

墨卿和亚东是我关注已久的风光摄影师，他们的照片屡获大奖，网络流传度很广。通过本书，我们有机会看到他们对星空拍摄技术、规划、思路和后期上的独特见解与经验，是星空摄影爱好者们必读的一本入门书籍。

Thomas 看看世界 索尼、戴尔签约摄影师，
畅销书《风光摄影后期基础》作者

澳大利亚最让我放不下的就是那片星野，时常怀念那些追星的日子，还好现在能时常看到毛同学的澳洲星野作品，我有幸见证了他不断进步和成熟，相信这本书不光能带来视觉上的享受，还能让每一位热爱星空的朋友得到启发。

白一帆 风光旅行摄影师、纽约视觉艺术学院数码摄影硕士、
摄影出版物撰稿人

我也是一名星空摄影师，拍摄的照片也屡屡刊发在《天文爱好者》杂志、美国美国（Astronomy）《天文学》等杂志上，深有感悟的是，摄影师要想获得一张好的星空作品，需具备天文、气候等相关知识体系。这本书系统介绍了星空摄影中的前期准备工作、实战拍摄方法和后期处理技巧，非常适合星空入门摄影爱好者。

戴建峰 *知名星空摄影师、天文爱好者、暗夜保护工作者*

我曾徒步近20天，在半夜登上5300多米的喜马拉雅山区的GOKYO RI山顶，去记录下银河从珠峰头顶升起；我也曾在零下37℃的严寒的北极冰原上等候极光爆发，那一片美丽星空，让人着迷。来吧，让我们一起追逐星空，追逐梦想，活出属于自己的光芒。

苏铁 *适马签约摄影师、国家地理合作摄影师、*
500PX风光摄影部落联合创始人

用勇气开路，用生命摄影。拍摄星空与一般的风光片还是有区别的，星空摄影师要能抵得住严寒，抗得住高原反应，受得了连夜的奔波等待，才能拍出一张绝美、震惊的星空照片。或许是因为稀有，才觉得珍贵，才令人向往。这本书详细介绍了拍摄星空的各种技术以及后期处理技巧，值得你拥有。

伊伦迪尔 *旅行风光摄影师、视觉中国"自然之光"部落创始人、*
荣获2017年视觉中国BEST10最受欢迎奖

每天生活在城市里，对天空的唯一关注只有手机里播报的空气污染指数。夜晚抬起头看到的夜空永远充斥一片霓虹灯散射出来的光，或是从书里读到无数关于星座的神话，却无缘亲眼得见。而在神秘的东方古国，有这样一群人，喜欢昼伏夜出，常在月黑风高时出动，他们不是"摸金校尉"，而是一群热爱星空摄影的人，我、毛亚东、墨卿，都是其中的成员。这本书凝聚了毛亚东、墨卿拍摄的经典星空作品，值得欣赏、推荐！

Steed *夜空中国召集人、英国格林尼治皇家天文台年度天文摄影师（年度总*
冠军）、果壳主笔、天文科普大V

星空摄影，需要摄影师有超强的毅力，需要不断挑战自己的耐心，才能拍出让自己满意的星空作品，而这一切缘于内心的热爱。美丽的星空就如同窈窕女神，令无数人趋之若鹜。这本星空摄影书所呈现的内容很全面，图文并茂，细致解读，能让很多不会星空摄影的人轻松掌握拍星技巧，简简单单就能实现大家的"追星梦"！

严磊 *视觉中国签约摄影师、视觉中国500PX中国爬楼联盟部落创办人*

追星者的梦

作为本书的策划者，策划这本书，是缘于我和许多摄友一样，有两个梦想：

一是追星梦。也许我们童年的时候，就喜欢在深夜里仰望星空，被璀璨的银河所吸引，从此便在心里种下了一颗自己也可能没意识到的追星梦。长大后，在都市的深夜中偶尔抬头仰望，看见天空中的灿烂繁星，会问一句，哪一颗是我们自己？能不能远离喧嚣的城市，到没有污染的圣地，来一场与星星的相会？那不仅是我们孤独的拥抱和倾诉，还是灵魂的相伴和放飞。于是，追星梦的计划便提上了日程，即使历尽千辛万苦，我们也义无反顾。

二是技术梦。喜欢摄影多年的我们，一直如攻城略地般学习摄影的各种技术和方法，今年学构图，明年攻后期。但星空作为绚丽景致的存在，也如同漂亮又神秘的姑娘，性感迷人却感觉遥不可及，不花些心思，就做不了一名合格的追星者。星空摄影不仅对拍摄的时间、地点有要求，同时对前期拍摄技术和后期接片修饰也有更高的要求。于是，技术的追梦也纳进了我们的计划，为此即便要花费大量的时间和金钱，我们也在所不惜！

为了同样喜欢星空摄影的您能快速掌握星空、银河、星轨的拍摄，在策划本书之前，我特意做了两件事：

一是去向拍摄星空的专业"大咖"学习。虽然我会星空摄影的基本方法，但水平有限，于是2018年元旦我去了云南泸沽湖，向职业星空摄影师阿五实战学习。在泸沽湖拍星的基地半山阳光酒店的庭院，和多位摄友，夜夜通宵实拍，相机从半画幅到全画幅，设备从相机到手机，数量从单张到多张，拍法从散落星星到银河星轨，效果从静态图片到延时视频，一一体验。只有自己系统、全面地从零学起，才能换位思考，策划出一本给初学者拍星接地气的实战教程。

二是找到星空摄影领域里的"大神"在本书中分享拍摄经验。寻找的平台，从图虫到抖音，从微博到公众号，从新华社到马蜂窝，从8KRAW到夜空中国等，至少看了30多位擅长拍摄星空的摄影师，刚好与我合作出版《无人机摄影与摄像技巧大全》图书的作者王肖一老师，推荐了美国Getty Images摄影师毛亚东老师，而责任心极强的毛亚东老师为了丰富本书的内容，又推荐了墨卿老师。巧了，那段时间刚好看到一则新闻，中国有一位星空摄影师，获得了2018年英国格林威治皇家天文台举办的天文摄影大赛（IAPY）的最佳新人奖，而这个人，就是墨卿老师。

只有经历了拍星的人，才能领会拍星的辛苦。最常见的场景之一就是，您看到的绝美照片，其实是摄影师远赴千里之外，深入无人之境，在极寒的深夜里守候通宵的结果，而整个过程，摄影师只为捕捉到那最美的瞬间。

本书凝结了太多人的心血，除了最重要的两位作者——毛亚东和墨卿，还要特别感谢以下优秀的摄友，以及他们提供的宝贵拍摄方法或经验。

一是我在泸沽湖拍星时的室友陈默。陈哥是个极其聪明的人，大家可以学学他的这招，即谋划在前，拍摄在后。他最擅长睡觉，可厉害的是，他睡觉的同时，星空也拍了，在规划好拍摄的时间、地点、构图后，挂机拍通宵，早晨在最合适的时候收机，包括他航拍也是如此，出手快、稳、准，然后用最快的时间处理后期。用他的话说：大多数人，最想进行后期的时候，往往就是拍摄后，说回到家之后再后期的，越拖越不想动。他拍摄的前、中、后期一气呵成，效率让我无比钦佩。

二是泸沽湖一起拍星时的赵友。赵哥不仅人长得高大帅气，而且非常大方、博学多才，极具无私奉献的分享精神，只要有人请教他问题，他基本上是知无不言、言无不尽，而且在后期处理时，好多摄友没有软件，他都将自己珍藏的收费软件分享给大家，并帮助安装，还指导如何应用。赵哥拍星有一个优点，也建议大家学学：就是用不一样的构图或思路，在同样的场景下差异化拍出不一样的效果，比如他擅长用拍摄小行星的方式展现星空。

三要特别致敬阿五老师与勇气小姐这一对"神仙眷侣"。这里为什么要用"致敬"一词？第一是因为近几年越来越多的人喜欢拍摄星空，源于他俩拍遍和分享了国内与国外最美的星空秘境，让无数人开启了拍星梦想，他俩引领和影响了国内拍星的热度。第二是因为他俩组建了"星旅程"拍星实战团，在最合适的时间和地点，手把手教大家实战拍摄星空，每年实教数百人，而这几百人又在影响周围喜欢拍星的人，实实在在地推动了国内拍星领域的扩展进程。如果您拍星遇到瓶颈，可以去找阿五老师实战学习，同时感受勇气小姐超有耐心的细致指导。

拍好星空不易，最后提一点建议，要想拍出好片，就要去学习一下专业的摄影构图，如前景构图、三分线构图、斜线构图等，这样可以保证你的每一张照片都极为讲究，美得有规律可循环。我有另外一个网名，叫"构图君"，我曾总结、梳理和创新了300多种构图技巧，在公众号"手机摄影构图大全"中进行过分享，这些构图方法同样也适合于星空摄影。欢迎摄影爱好者们关注本书封底的微信号与我进行交流与探讨。

龙飞

长沙市摄影家协会会员

湖南省摄影家协会会员

湖南省青年摄影家协会会员

湖南省作家协会会员，图书策划人

京东、千聊摄影直播讲师，湖南卫视摄影讲师

一眼万年

在我很小的时候，曾住在乡下的外婆家很长时间。那里的凉凉夏夜微风习习，抬头便能看到满天繁星。一条浅浅的乳白色长线将天空分割开，大人们告诉我："那叫银河"。他们给我讲了许多有趣的神话故事，很多我都不太记得了，只记得牛郎织女、北斗七星。后来，我因上学回到了城市，从那时候开始的很长一段时间里，我便再也没有见过银河，天空依稀的几颗星，随着记忆的远去一并模糊。

大学期间有一次参加了露营活动，偶遇了几位天文爱好者（后来我们成为非常好的朋友），那个晚上他们带着我登上了太原西山海拔 1775 米的石千峰。时隔多年，我再一次看到了儿时记忆中的银河，尽管那里的观星环境和我后来去过的许多地方都无法相比，但那份喜悦与感动至今难以忘怀。也是从那时候，我带着"追星"的梦想，欣然上路。

我开始沉醉于用镜头留住这些来自几万年前的光，满天的星空银河美得让人窒息。在追逐星空的过程中，我不但积累了许多天文知识，也逐步提高、磨炼了我的拍摄技巧。像许多"追星人"一样，我时常带着我的设备，驱车几百公里，攀上高山、深入荒野，在零下的低温中彻夜守候，只为等待最绚丽的星河升起。

在一次次按下快门的过程中，我不断调整我的思路去表现作品。星轨以表现夜空的斗转星移；拱桥以表现银河的波澜壮阔；在作品中捕捉人物作为前景，以表现人与自然这一永恒命题。我还注意到构图、色彩、光影的组合多变带来的不同风格，不断尝试新的视角，不断开发新的机位，不断去挑战自我。

随着技术水平的提高，我逐步触碰到了器材的极限，于是从半画幅的相机升级到了全画幅的单反、微单，更换了更加专业的镜头与其他设备，帮助我更好地专注于创作。"追星"的这些年，不但为我带来了永生难忘的经历，也为我带来了大量喜欢我作品的读者。

我常常在图虫、500px、米拍等平台（作者：Adammao）更新我的作品，在众多题材作品中，星空最受欢迎，获得了千万级别的阅读量、百万级别的获赞量。我注意到越来越多人喜欢、热爱上了满天繁星，越来越多人想要寻回孩提时代的记忆。我开始接受一些媒体的采访，在省科技馆做一些科普讲座，帮助更多人追寻属于自己的星空。

一次机缘巧合，无人机航拍高手王肖一老师，也就是《无人机摄影与摄像技巧大全》图书的作者，给我推荐了他的图书编辑胡杨，刚好胡杨编辑的上司龙飞主编正想策划一本星空摄影的教程，于是建议我将自己这些年拍星的一些独到经验与技巧分享给更多喜欢拍星的朋友。为了让这本书更具有含金量，让读者能学到更多拍星技巧，我特意邀请了我的朋友——获得过 2018 年天文摄影大赛最佳新人奖的墨卿一块编写。

本书共分为 3 大篇幅：第一篇是新手入门篇，主要引导读者认识星空，寻找拍摄地点，熟悉拍摄要点；第二篇是拍摄准备篇，主要介绍星空拍摄的前期工作和取景技巧；第三篇是实拍案例和综合处理篇篇，主要介绍相机与手机拍摄星空的实战技巧以及星空照片的后期处理方法。

本书共分为 13 个专题，主要依循"景点线、技术线、实拍线、后期线"这 4 条线，帮助读者快速成为星空摄影与后期处理高手！

景点线。从国内到国外，共介绍了 30 多个景点，国内景点包括云南大理和泸沽湖，新疆赛里木湖和伊犁，青海茶卡盐湖和大柴旦盐湖，内蒙古明安图和阿拉善，山西韩庄村长城和庞泉沟，山西长治长顺、五台山、太原委烦，湖南雪峰山和大围山，大连大黑石，西藏林芝等地，以及国外冰岛，澳洲大洋路刀锋岩、悉尼蓝山等地。

技术线。详细介绍了星空摄影的分类、需要准备哪些拍摄器材、哪些地方最适合拍摄星空大片、如何设置相机拍摄参数、如何提高拍摄的画质、哪些 APP 有助于拍摄星空银河、怎样的取景使画面更具吸引力等内容，帮助读者熟知星空摄影，快速入门。

实拍线。详细介绍了相机如何拍星空和星轨、手机如何拍星空与星轨、相机如何拍摄星空银河的延时视频等技巧，帮助读者步步精通星空摄影技术，快速从星空摄影小白晋升为星空摄影高手，轻松拍出高清画质的星空照片。

后期线。介绍了星空照片、星轨照片以及星空延时视频的后期处理技巧，不仅详细介绍了如何使用 PS、LR、PTGui 软件进行后期处理，还讲解了如何通过手机 APP 进行后期精修，让读者快速获取星空照片的后期处理干货知识，修出精彩的星空大片。

最后，祝大家学习愉快，学有所成！

毛亚东
2019 年 5 月

您有多久没有抬头仰望过星空了

您有多久没有抬头仰望过头顶这片星空了？

这是我这两年外出上课最喜欢的开头，每个人给我的答案都不尽相同：有人从未关注过星空，有人渴望观星却苦于找不到合适的地点，有人怀念小时候家乡的星空，还有人甚至昨日才从山区拍星归来……虽然每个人的经历不尽相同，但当您阅读到此段文字时，恰好说明，我们每个人都有一个仰望星空的心愿。当然，也正是这份心愿成就了现在的我。

我第一次拿起相机去拍摄星空，是五年前在四川牛背山。当同行的小伙伴拍着我的肩膀要我抬头，之后的几秒钟，我仿佛感知到了时间的凝固。对于一个城里面长大的孩子，面对这超出想象的美景，我所能做也想做的事，就是用手中的相机去记录它们。可是作为才买单反没多久的拍照新手，我只能望着机身那些复杂的按钮束手无措。那一晚我手忙脚乱搜索百度之后，煞费苦心地拍下了一张近乎拖轨的星空照片。从此，拍摄一张令自己满意的星空大片，便成为我的梦想。

星空摄影往往要面对拍摄地的高海拔、低温度、狂风以及野外可能随时会有的危险，所以坚持下来的伙伴所拥有的都是一颗对极致风景的热爱和追求的心。追逐星空一直是我这五年来最为重要的事情，每当我心情烦闷的时候，只要靠在围栏边，看着点点繁星，心情总是能够沉静下来。徜徉在无垠的星空之下，我会发觉地球上的事物每时每刻都在发生着变化，只有头顶的这片星空，才是永恒。星空摄影师总是会伴随着孤独，而某些时候正是这份孤独成了我前进的动力。

我依旧记得第一次拍星的经历，在泸沽湖拍到银河时受到了别人的赞许；也时常会想起在茶卡盐湖的那晚，即使是冻得直打哆嗦，但最终拍出了绝美的星空大片；我更不会忘记在格林威治皇家天文台颁奖当天，接受全世界摄影师祝贺时自己自豪的样子。我很庆幸自己坚持了下来，也很感谢能有一帮朋友，在我最苦闷的时候及时出现，让我对自己做的事情不再怀疑。

这几年一步步走来，终于小有所成，接受过官方媒体的采访（China Daily），并通过视觉中国（500PX 中国版 APP，作者：墨卿）、微博（作者：墨卿墨迹）、新片场 APP 以及天空之城等新媒体平台，宣传我的作品。而去年，更是在英国格林威治皇家天文台与 BBC *Sky at Night* 杂志合办的年度天文摄影大赛中荣获帕特里克•摩尔爵士最佳新人奖。这一切不但使自己的作品得到了推广，也让我更加热爱头顶的这片星空。

但我知道，除了一颗热爱之心，掌握必备的拍星技术也是相当重要的，如果空有出去"浪"的心，却没有记录下来的本领，再猛烈的激情也会渐渐散去。所以，这几年我也不断从网络及各位摄影"大神"的拍摄及后期手法中取经，以求找到最适合自己的一套前后期手法。这期间走了不少弯路，也得到了许多朋友的悉心指点，为此我觉得有必要告诉后来之人较为正确的星空拍摄手法，让大家从书本中获取知识，少走弯路应该是各位摄影爱好者最想做的一件事，所以书写这样一本星空教程便势在必行。

而就在此时，这个想法在好友毛亚东和胡杨编辑的帮助下实现了，因此可以将我的经验与大家一起分享。

本书是如此方便：我们在平常翻看可以有准备地进行星空拍摄，也可以在拍摄时从此书中寻求一些当前棘手情况的解决方案。

本书确实非常实用：无论是拍摄前期的支持（比如选用何种器材拍摄何种类型的星空片，如何设置拍摄参数等，这可以帮助您最快速掌握星空照片初步的拍摄手法），还是在拍摄完成后，后期的帮助（星空及星轨的后期处理方法），以及我们可能会忽视的一些导致拍摄失败的小细节，您都能从本书中找到最便捷的答案，它会是您最可靠的星空摄影工具书。

非常感谢购买本书的您，这本书既适合摄影爱好者初学星空摄影，又适合有一定基础，还想再进一步学习如何拍摄星空的小伙伴，帮助您快速成长为一位熟练的星空摄影师。但在掌握实用技术的同时，请不要忘记，手法仅仅是步入星空摄影的第一步，保持这份热爱之心，才能保有不枯竭的创造力。要知道一张照片的好坏与否，并不是全由技术说了算，内核依旧是您对美的理解。

那么让我们再次回到开头：您有多久没有抬头仰望过头顶这片星空？

我的回答是：即便许久未曾仰望，也不会丧失每日想念之心。

墨卿

2019 年 5 月

目 录
CONTENTS·

03 注意事项：这些拍摄要点要提前知晓

【拍摄准备篇】

04 前期工作：准备好拍摄的设备和器材

【实拍案例和综合处理篇】

07

相机拍星空：震撼的星空照片要这样拍

08 相机拍星轨：掌握方法让你拍出最美轨迹

09 手机拍星空：快速拍出绚丽的星空夜景照片

10　手机拍星轨：轻松拍出天空的艺术曲线美

11　延时摄影：拍摄银河移动的魅力景象

12　星空后期：打造唯美的银河星空夜景

13

星轨修片：Photoshop 创意合成与处理

西澳大利亚南邦国家公园内尖峰石阵上空的银河

【新手入门篇】

•••1••• 新手入门：认识星空摄影

【从小生活在乡村的朋友，一般天气晴朗的晚上都会有星星的陪伴。仰望满天的繁星，经常会被这样美丽的星空所吸引。星空，也是很多摄影爱好者喜欢拍摄的风光题材，但要想拍摄出浩瀚的星空景色，还需要做好大量的准备工作，如了解星空摄影的分类、了解哪些器材适合拍星空，以及要掌握好必要的天文知识。本章将带领读者学习一系列的星空摄影入门知识。】

1.1 第一次拍星空，你需要知道这些

一说到星空摄影，我们首先想到的就是璀璨绚丽的银河。我们被银河的美景所吸引、所震撼，它让我们不由自主地停下脚步，按下快门，拍摄照片。本节主要介绍星空摄影的概念及分类，让大家了解什么是星空摄影。

001 这样的星空摄影，令人震撼

星空摄影也属于风光摄影的一种，是指天黑了以后，我们用单反相机、手机或其他摄影设备来记录天空与地面的景象，包括月亮、星星、行星的运动轨迹，以及银河、彗星、流星雨在星空中的移动变化。如图 1-1 所示，是在赛里木湖拍摄的星空摄影作品。

图 1-1　在赛里木湖拍摄的星空摄影作品　　　　　　光圈：F/2.8，曝光时间：30 秒，ISO：3200，焦距：14mm

浩瀚夜空，美丽而神秘，令无数摄影人士向往，但很少有摄影师能真正拍出星空的美，以及那种大场面的恢宏。因为星空摄影与一般的风光摄影不同，需要做很多的前期准备工作，并熟练掌握星空的拍摄技术，才能拍出深夜中的星空美景。

星空摄影与其他风光摄影最大的不同在于拍摄时间上，一般的风光摄影可以在白天拍摄，

不管是阴天、雨天还是晴天，都可以拍风光片。但星空只能在夜晚拍摄，而且还要天气晴朗，没有月光的干扰，夜深人静之时，正是拍摄星空的最佳时间。所以星空摄影也能很好地考验我们的身体素质，要求摄影师能吃苦、能熬夜、能经得住寒冷和等待。

如图 1-2 所示，这张照片是在青海橡皮山拍摄的星空夜景。那天的夜晚很冷，但星河很灿烂，我们一行 4 人，以汽车为前景，欣赏着满天繁星。

图 1-2　在青海橡皮山拍摄的星空夜景　　　　　　　　　　　光圈：F/2.0，曝光时间：120 秒，ISO：800，12 张拼接

○○2 掌握星空摄影分类，分清拍摄对象

星空中有很多的拍摄对象，也分为不同的拍摄主题，如拍摄星星、银河、星轨等，不同的拍摄主题所使用的摄影设备也是有区别的。

所以，我们需要提前了解一下星空摄影的分类，这样才能清楚自己手中的设备适合拍摄什么样的星空题材，自己想拍摄的星空题材需要什么样的摄影设备才能拍好。清楚了这些之后，才能有效率地拍摄出优质的星空摄影作品。

我们眼里的星空摄影，主要分为两种类型，一种是深空摄影，另一种是星野摄影，下面针对这两种类型进行相关介绍。

1. 深空摄影

深空摄影题材属于天文摄影类别，也是星空摄影的一个重要分类，主要是拍摄深空中的对象，如月亮、太阳、彗星、土星、火星、木星等，其中又包含两大类，一种是深空天体摄影，另一种是广域深空摄影。拍摄这些深空的对象有一定的难度，而且对设备的要求较高，需要高昂、专业的特殊设备才行。

（1）需要一台天文望远镜，来观察深空对象，如图 1-3 所示。

图 1-3　天文望远镜

（2）需要一支高端的长焦段镜头，来对焦深空中需要拍摄的对象。

（3）需要一台冷冻天文专用 CCD 相机，如图 1-4 所示。这类相机采用制冷技术，因为夜晚的温度很低，这类相机在超低温下 CCD 成像的热噪声小，读出噪声小，也就是信噪比高。我们能明显地看到冷冻 CCD 在降低噪点方面的优势，所以深受天文摄影爱好者的青睐。

图 1-4　冷冻天文专用 CCD 相机

（4）需要一台稳定的星野赤道仪，如图 1-5 所示。它用来专门拍摄猎户座大星云、仙女座大星系等，锁定深空目标，借助赤道仪中高精度马达和内置极轴镜，可以很好地补偿星星的相对转动，这样天空目标在相机的视野里不会移动，长时间曝光也不会产生星轨的效果。

图 1-5　星野赤道仪

由于这些拍摄深空的摄影设备价格都比较高昂，而且很多深空摄影都是在野外拍摄，带上这么多的摄影器材出行也是一件很麻烦的事情，所以许多摄影爱好者都望而止步。因此，本书对深空摄影不做过多的介绍和讨论，本书内容主要以星野摄影为主，而且星空摄影入门者也应该从大家熟悉的星野摄影题材开始学起，一步一步掌握星空的拍摄技巧。

2. 星野摄影

星野摄影，按照字面意思来说，就是指在野外拍摄星空景色，这也是我们最熟悉的一种星空摄影，它包括拍摄银河、繁星、星轨、流星等，下面对这 4 大对象进行相关讲解。

（1）银河

如图 1-6 所示，是在湖南雪峰山拍摄的银河拱桥摄影作品，以延绵起伏的山脉为前景，很好地衬托出了天空中的银河拱桥，整个画面给人非常大气的感觉，光线搭配得也非常好。

银河是天空中横跨星空的一条形似拱桥的乳白色亮带，它在天空中勾画出一条宽窄不一的

图 1-6　在湖南雪峰山拍摄的银河作品

带，称为银河带。银河在天鹰座与天赤道相交的地方，在北半天球，我们只有在天气晴朗的夜晚，才能看得到天空中的银河，而且在远离城市、没有光污染的环境下，才能清楚地欣赏到银河的美景。

（2）繁星

星星是夜晚天空中闪烁发光的天体，满天繁星也是我们非常向往的情景，如图1-7所示，是在山西韩庄村长城拍摄的星星夜景，满天繁星闪闪发光，照亮整个大地，地景的层次感使画面更具有吸引力。

图 1-7　在山西韩庄村长城拍摄的星星夜景　　　　　　光圈：F/1.8，曝光时间：13秒，ISO：4000，焦距：35mm

（3）星轨

星轨，按照字面意思来说，就是星星移动的轨迹。星轨其实是地球自转的一种反映，是在相机或手机长时间曝光的情况下，拍摄出的地球与星星之间由于地球的自转产生相对运动而形成的轨迹。在拍摄星轨的时候，相机的位置是不变的，而星星会持续地、不断地与地球产生相对位移，随着时间的流逝，会产生星星的轨迹。如图1-8所示，是在乡村的一棵大树前拍摄的星轨，一共拍摄了1.5小时，星星移动的轨迹每一条都清晰可见，由于相机是不动的，所以房屋和前面的大树都非常清晰的，只拍摄出了星星移动的轨迹。

（4）流星

图 1-8 拍摄的星轨

流星是夜空中的一种天文现象，在晴朗的夜晚，我们有时能看到一条明亮的光芒从天空中划过，划破夜幕，这就是流星现象。

如图 1-9 所示，是在阿拉善拍摄的英仙座流星雨照片，一条一条的光芒划破夜空，银河的位置也清晰可见。该照片使用尼康 D850 拍摄，镜头是适马 14mm，光圈 F1.8，ISO 6400，快门 30 秒（单张照片曝光时间），将流星雨真实位置对齐叠加，使用艾顿赤道仪跟踪。

在有水、有湖、有海的地方，如果能拍摄到流星划过天际，还能在水面上形成一种唯美的

图 1-9　在阿拉善拍摄的英仙座流星雨照片　　　　　　　　　光圈：F/1.8，曝光时间：30 秒，ISO：6400，焦距：14mm

倒影效果，如图 1-10 所示，照片中的银河、繁星、流星全部都映在了水面上，画面感十足，美得让人惊叹。

图 1-10　流星划过天际的倒影效果　　　　　　光圈：F/1.8，曝光时间：15秒，ISO：8000，焦距：14mm

3. 星野摄影与深空摄影的区别

星野摄影的难度比深空摄影要低得多，这也是拍摄星空时最容易实现的类型，一般我们使用广角的镜头，就可以拍摄出很漂亮的星野摄影作品。

那么，星野摄影为什么那么受摄影爱好者的青睐呢？它相比深空摄影来说具有哪些特点和优势呢？下面笔者来和大家说一说。

（1）星野摄影主要的拍摄对象是地景和星空。如果只拍摄天空会显得画面很单调，如果画面中加上二分之一或者三分之一的地景，会表现出不一样的感觉，这一点与深空摄影有本质的区别。

☆专家提醒☆

我们进行星野摄影时，地景的选择有多种多样，只要构图漂亮就可以考虑作为地景，常用的地景有汽车、人物、路灯、建筑、树林、山丘、天际线等。

（2）星野摄影不需要带那么多沉重的摄影设备。对于刚入门的星空摄影师来说，只需要一台相机、一个广角镜头、一个三脚架或支架、一台手机，即可实现星空的拍摄。

（3）星野摄影操作方便、容易实现。如果你只是拍摄一张星轨照片，对画质要求不高的话，可能一个手机和一个三脚架就能搞定，很容易就能拍出星轨的效果。当然，如果你对画质要求高的话，就需要使用相机和三脚架来拍摄，然后通过后期一系列的处理技巧，得到一张精美的星轨照片。

（4）星野摄影的过程相对舒适、轻松。出行带的东西少，自己的身体就不会那么辛苦，可以让自己保持充沛的体力和良好的精力来拍摄更多的星空照片。一夜的守候与拍摄是需要一定体力的，得让自己在一种最舒适的状态下，才有心情拍出最好的星空照片。

本书主要以星野摄影为主，因为这是大家最熟悉的一种星空摄影，在后面的章节中笔者将对星野摄影进行一系列的拍摄技术与后期技术的讲解。

1.2 了解手中的摄影器材，让你事半功倍

当我们对星空摄影的基本概念与分类有了一定的了解之后，接下来让我们看一看，到底哪些相机、镜头、手机才适合拍星空，哪些地方最适合拍出星空大片，这些问题我们都要熟悉和了解，为后面的星空拍摄奠定良好的基础，提高拍摄效率。

003 哪些相机适合拍星空

拍摄星空要优先选择高感全画幅相机，这种相机的特点是高感画质，拍摄星空需要用到 ISO 3200 ～ ISO 6400 的感光度，所以高感画质非常重要。

下面介绍选择适合拍星空的相机的 4 个要点：

（1）优先选择高感全画幅相机，其次是半画幅的相机。

（2）相机的像素一定要高，否则拍摄出来的星星、银河会很模糊，影响照片的质感，也影响照片的后期处理与色调。

（3）首选天文改装相机，然后是普通的相机。笔者之前使用过索尼 A7 天文改机以及尼康 D810A 拍摄银河拱桥，效果非常好。

（4）相机要有非常强大的控噪能力，因为夜间拍摄本来噪点就多，如果相机控噪能力好，画质就会清晰、干净很多；如果相机控噪能力不行，那照片上都是麻麻点点，非常不美观。

这里，笔者推荐 3 款比较好的适合拍摄星空的相机：索尼 A7R3、尼康 D850、佳能 6D2，下面进行简单介绍。

1. 索尼 A7R3

索尼 A7R3 是一款全画幅微单，如图 1-11 所示，该相机不仅像素高，可以带来卓越的星空画质，防噪功能也非常强，这是夜间拍摄星空的一大优势。另外，由于拍摄星空要对着天空拍摄，角度一般都很高，索尼 A7R3 具有翻折屏幕的功能，很方便查看拍摄的画面效果。索尼相机的峰值对焦在星空摄影上有很大帮助，所以是星空摄影师最好的小伙伴。

图 1-11 索尼 A7R3 全画幅微单

下面介绍索尼 A7R3 这款相机的主要参数。

（1）有效像素：约 4240 万；

（2）对焦点：399 个相位检测自动对焦点，425 个对比检测自动对焦点；

（3）ISO：100 ～ 32000（ISO 最高可扩展至 102400）；

（4）防抖系统：镜头防抖（OSS 镜头）和 5 轴防抖；

（5）最高连拍速度：10 张 / 秒，包含机械快门和电子快门；

（6）电子取景器：约 369 万有效像素，放大倍率约 0.78 倍；

（7）快门速度：1/8000 秒～ 30 秒，B 门；

（8）电池使用时间：使用取景器约能拍摄 530 张，使用 LCD 约能拍摄 650 张；

（9）重量：机身的重量约 572g。

2. 尼康 D850

尼康（Nikon）D850 是一款全画幅数码单反相机，如图 1-12 所示，该相机具有极高的感光度。拍摄星空要用到高感光，高感性能好的相机使得画面更加纯净，暗部细节更好。尼康 D850 与 A7R3 相机一样，具有翻折屏幕的功能，而且操作按钮还设置了夜灯背光，方便摄影师夜晚操作相机。下面介绍尼康 D850 这款相机的主要参数。

（1）有效像素：约 4575 万；

（2）对焦点：具备 TTL 相位侦测、微调、153 个对焦点（包括 99 个十字型感应器；15 个感应器支持 F/8），其中 55 个点（35 个十字型感应器；9 个感应器支持 F/8）可选；

（3）ISO：64 ～ 25600；

（4）最高连拍速度：约 9 张 / 秒；

（5）快门速度：1/8000 秒～ 30 秒，B 门、遥控 B 门、X250；

（6）即时取景模式：照片即时取景和动画即时取景，其中单个动画拍摄的最大时间长度约 29 分 59 秒；

（7）显示屏分辨率：约 235.9 万像素（XGA）。

图 1-12　尼康 D850 全画幅数码单反相机

3．佳能 6D2

　　佳能 6D2 也是一款全画幅数码单反相机，夜间拍摄星空照片时，所呈现出来的画质不仅能显示星空精致的细节，还极具视觉冲击力，而且性价比高是这款相机的一大优势，佳能 6D2 相机如图 1-13 所示。

图 1-13　佳能 6D2 相机

　　下面介绍佳能 6D2 这款相机的主要参数。

　　（1）有效像素：约 2620 万；

　　（2）降噪功能：可用于长时间曝光和高 ISO 感光度拍摄；

　　（3）对焦点：最多 45 个十字型对焦点；

　　（4）ISO：100 ～ 40000（ISO 最高可扩展至 102400）；

　　（5）连拍速度：高拍连拍约 6.5 张 / 秒，低速连拍约 3 张 / 秒，静音连拍约 3 张 / 秒；

　　（6）重量：机身的重量约 685g。

　　通过上面 3 款相机的介绍，你应该知道自己适合什么样的相机了，可根据相机的实际功能和性价比来作出选择，它们都是比较适合拍摄星空的相机。

○○4 哪些镜头拍星空最有质感

推荐大家使用大光圈、超广角镜头，因为拍摄星空需要把地景和星空都拍进画面，所以需要超广角镜头来使视野宽阔，利于构图。推荐大家使用尼康 14-24mm F2.8、佳能 16-35 F2.8、索尼 16-35mm F2.8 GM、适马 14mm F1.8、老蛙 12mm F2.8 的镜头，这些都非常不错。

在拍摄星空的时候，镜头的焦距应该如何设置最好呢？笔者拍摄星空时，使用得最多的是 14mm 和 35mm，因为 14mm 可以拍摄出更宽广的星空夜景，35mm 可以拍摄出更多的细节，其次是 24mm，而 85mm、200mm、400mm 可以使天空中的星星和银河的细节显示得更加丰富。所以，不同的镜头焦距拍摄出来的星空效果不一样，每种焦距都有它的特色和特点，下面向大家进行相关介绍。

1. 14mm 镜头

14mm 镜头是一种超广角的镜头，因为我们进行星野摄影的时候，主要的拍摄对象是地景和星空，这种超广角的镜头可以把地景中的人物或其他元素拍摄进星空照片中，使画面内容更加丰富，构图更加和谐。如图 1-14 所示，是使用 14mm 的镜头在墨尔本西部大洋路拍摄的星空银河作品。

图 1-14　使用 14mm 镜头拍摄的星空银河作品　　　　　光圈：F/1.8，曝光时间：30 秒，ISO：6400，焦距：14mm

2. 24mm 镜头

24mm 镜头也是一种超广角镜头，可以拍摄到大片的星空区域，这种镜头可以完整地拍摄出整条银河拱桥，方便摄影师对多张银河照片进行接片。如图 1-15 所示，是使用 24mm 的镜头在湖南浏阳大围山拍摄的星空银河效果。

图 1-15　使用 24mm 镜头拍摄的星空银河效果

光圈：F/1.4，曝光时间：13 秒，ISO：4000，焦距：24mm

3. 35mm 镜头

35mm 镜头是一款标准人文镜头，能拍摄到的星星数量不能与 14mm 和 24mm 焦距的相比，但 35mm 的镜头能拍摄出星星、银河更多的细节。如图 1-16 所示，是使用 35mm 的镜头在山西阳泉拍摄的星空作品。

光圈：F/1.4，

曝光时间：240 秒，

ISO：800，

焦距：35mm

图 1-16 使用 35mm 镜头拍摄的星空作品

4. 85mm 镜头

85mm 的镜头能容纳的星星覆盖面区域更小，但拍摄出来的星空细节会更加明显，连部分星系都能清晰地拍摄出来，如图 1-17 所示，是使用 85mm 的镜头拍摄的仙女座星系。

图 1-17　使用 85mm 的镜头拍摄的仙女座星系　　　　　　　　光圈：F/1.4，曝光时间：30 秒，ISO：6400，焦距：85mm

但是，如果摄影师想用 85mm 的镜头进行银河拍摄与接片的话，工作量可想而知，难度也很高，而且需要很多的时间进行后期处理。因此，不建议摄影师使用 85mm 的镜头拍摄银河，但可以用来拍摄星星或星座。

5. 200mm 镜头

200mm 的镜头适合拍摄深空的天体对象，它是一款标准的长焦焦段镜头，可以拍出丰富的细节。如图 1-18 所示，是在内蒙古明安图使用 200mm 的镜头拍摄的北美星云，天体效果清晰可见。

图 1-18 使用 200mm 的镜头拍摄的北美星云　　　　光圈：F/3.5，曝光时间：60 秒，ISO：4000，焦距：200mm

6. 400mm 镜头

400mm 焦距的镜头是 200mm 焦距的两倍，可以更大地放大天体对象，也是一种适合拍摄深空天体的镜头，如图 1-19 所示，是在内蒙古明安图使用 400mm 的镜头拍摄的 M42 猎户座大星云。通过以上介绍，大家应该清楚用什么样的镜头拍摄什么样的星空对象了。

图 1-19 　使用 400mm 镜头拍摄的 M42 猎户座大星云

光圈：F/5.6，曝光时间：120 秒，ISO：3200，焦距：400mm

〇〇5 哪些手机适合拍星空和星轨

随着智能手机的拍摄功能越来越完善，用手机拍夜景、拍星空已经有了很好的成像效果，成像质量虽然比不上专业的相机，但发发朋友圈还是足够了。一般手机只要有专业拍照模式，基本上都是可以拍摄星空的，比如华为、VIVO、努比亚、小米以及魅族等手机。

下面以华为手机与 VIVO 手机为例，介绍拍摄星空和星轨的技巧。

1. 华为手机

华为手机最新的型号是华为 P30，拍照的成像质量非常高，前置摄影头有 3200 万像素，后置摄影头是 4000 万＋2000 万＋800 万＋TOF。华为手机的拍照功能十分强大，如果是拍摄星空照片的话，把相机调为专业模式，然后设置 ISO、S、EV、AF 等参数，即可拍摄星空照片，但在成像质量和噪点控制方面，相比相机来说还是稍逊一筹，如图 1-20 所示。

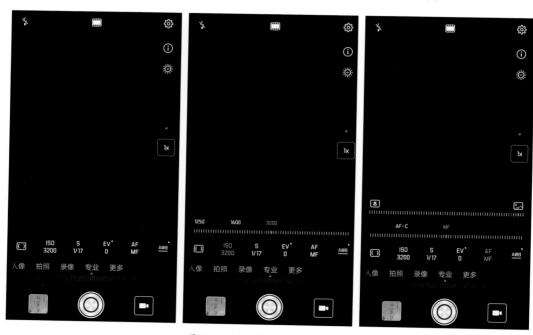

图 1-20 华为手机中的专业拍照模式

☆专家提醒☆

由于时代的进步以及生活水平的提高，城市中的光污染、大气污染比较严重，在大城市生活的朋友们很少能在夜晚看到星星了，更别说银河。我们只有在远离光源、远离城市建筑、远离空气污染的地方，才能看到满天的繁星，才能拍出令人向往的银河风光。华为 P20、P30 手机，也能拍出绚丽的银河效果。

如果是拍摄星轨的话，使用华为手机拍摄更加方便。华为手机内置有流光快门功能，其中包含"绚丽星轨"拍摄模式，只要选择该拍摄模式，然后固定好手机的位置，即可开始拍摄绚丽的星轨效果，如图 1-21 所示。

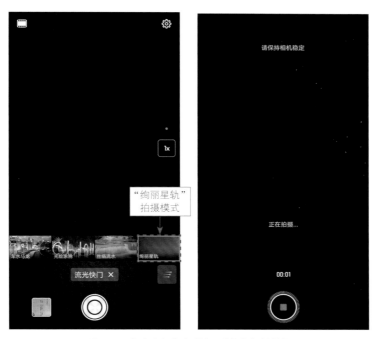

图 1-21 华为手机中的"绚丽星轨"拍摄模式

2. VIVO 手机

VIVO 手机中也有专业拍照模式，用户可以手动设置拍摄模式与参数，调节到最佳的参数来拍摄星空，如图 1-22 所示。

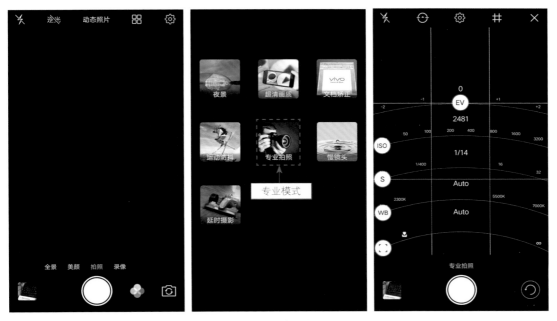

图 1-22 VIVO 手机中的专业拍照模式

006 哪些地点适合拍摄星空大片

　　一张成像质量高的星空照片，除了需要使用适合的相机设备和镜头，还需要一个好的拍摄环境，拍摄地点很重要。拍摄星空照片的地方，一定不能有大片的光源污染，因为照片需要进行长时间的曝光，如果有光源污染的话，照片很可能会过曝，而且天空中的星星也不会那么明亮。所以，我们要到远离光源污染的地方拍摄星空。

　　下面推荐一些适合拍摄星空大片的地点，都是经过笔者亲身体验的，拍摄出来的星空照片的成像效果还是非常不错的。在后面的章节中，将详细对此进行说明和介绍。

1. 国内最适合拍摄星空的地区

　　高原地区是首选，因为高原地区空气质量高、环境好、污染源少，特别是因为人烟稀少，最适合拍摄星空，比如以下这些地区：

　　（1）西藏、新疆地区。

　　（2）川西高原地区。

　　（3）川北草原地区。

　　（4）云南、甘肃地区。

☆专家提醒☆

　　在人烟稀少的地区拍摄星空时，一定要注意人身安全，因为夜间经常会有野生动物出没，晚上狼群都会出来活动，所以大家一定要将安全放在首位。如果不小心遇到了狼群，也不要太过紧张，先找个地方躲起来，然后慢慢退回到车上。

2. 国内最佳的拍摄星空的景区

　　摄影师们都喜欢出去旅行，一般都是旅游并拍片，那么哪些景区最适合拍摄星空呢？当然也是主要在高原地区，下面这几个地方，是出片率最高的地方：

　　（1）珠峰大本营。

　　（2）纳木错圣湖。

　　（3）额济纳。

　　（4）牛背山。

　　（5）长白山。

　　（6）甘肃敦煌。

　　（7）泸沽湖。

　　（8）青海地区。

　　（9）梅里雪山。

　　（10）亚丁风景区。

　　（11）四姑娘山。

　　（12）中国长城。

　　（13）新疆地区。

3．身边最合适的拍摄地点

如果大家觉得上面列出来的拍摄地点和景区离你的所在地太远，那么可以寻找身边最合适的拍摄地点来拍摄星星，比如下面几个地点。

（1）乡村：因为天空纯净、空气新鲜，环境污染源相比城市来说要少。

（2）高山：高山顶上，因为远离光源污染，所以也是拍星星最合适的地方。

（3）湖边：没有光源污染的湖边，能拍出非常美的天空之境的画面。

（4）公园：公园的风景好，空气也新鲜，可以找一个远离城市的公园。

1.3 追星人一定要掌握的天文知识

星空摄影是一种特殊的拍摄题材，为什么我们晚上抬头望向天空的时候，有时候有很多的星星，有时候又没有多少星星呢？这是一种天文现象，我们需要了解一定的天文知识，才能成功地拍出漂亮的星星和银河。本节向大家简单介绍一些必要的天文知识，希望对拍摄有所帮助。

007 满月天和新月天，对星空影响很大

满月天和新月天都与月亮有关，因为我们拍摄星空是在夜间进行，那么一定要了解月亮的上升时间与上升状态。升上来的是一轮圆圆的明月，还是月牙尖尖，我们都要非常清楚。为了不让一夜的拍摄白忙活，我们要提前了解当天的月亮状态。

月亮越圆、越亮，则被月光覆盖的星星越多，会导致天空中的星星越不明显；月亮的光芒越暗、越淡，则天空中的星星就越亮。所以，了解满月天和新月天的时间，对于星空的拍摄很重要。

1．满月天

农历每月十五、此时的地球位于太阳和月亮之间，月亮的整个光亮面对着地球，这个时候就是我们所说的满月天。

农历每月十五、十六的月亮是最圆、最亮的，民间有句俗话："十五的月亮十六圆"，这就是指满月天。

满月天不适合拍摄星空，因为这个时候的月亮光芒很亮，天空中的星星就会显得稀少。所以，我们拍摄星空照片时，一定要避开满月天。

2．新月天

农历每月初一，当月亮运行到太阳与地球之间的时候，月亮把它黑暗的一面对着地球，并且与太阳同升同没，基本看不到月亮，这个时候就是我们所说的新月天。拍摄星空最佳的时间

是农历每月二十三到三十、初一到初七这段时间,因为这段时间的月亮是弯形的,月光很弱,星星就很亮。

008 掌握日出与日落的时间,合理规划拍摄时间

拍摄星空时,时间计划很重要,我们要避开日出与日落的时间,要等天完全黑下来、星星开始亮了,再开始拍摄星空。

我们可以在日落之前,先踩好点,找到拍摄的地点,确定三脚架的位置和拍摄角度,计划好要拍摄的前景对象,取好景,然后等夜深了再去拍摄,比如晚上 10 点之后,夜空就已经很纯净了,星星也很亮了。如果你是整夜地拍摄星星或银河的话,一定要在太阳升起之前的一个半小时左右结束拍摄,不然画面会受到日出晨光的影响。

009 哪个季节,最适合拍摄星空银河

由于地球自转和公转的因素,拍摄星空最好的季节是每年的 4 ~ 10 月,这段时间往往能拍摄到最灿烂的银河。不过,我们出门拍摄星空之前,一定要提前查阅天气情况。如果是下雨天或者阴天,是拍不到星星和银河的,一定要选在天气晴朗、通透的晚上,夜空才纯净,并且光源污染越少越好。

∎∎∎ 2 ∎∎∎ 拍摄环境：最适合拍星空的
地点

【拍摄星空时，拍摄地点的选择很重要，最重要的一点就是要远离光源污染，有光的地方很难拍出漂亮的星空。那么，哪些地点最适合拍摄星空呢？

本章就来给大家详细介绍一下最适合拍摄星空的地方，包括最适合的地区、最适合的景区以及身边最合适的拍摄地点等，帮助大家轻松拍摄出星空大片。】

2.1 拍星空，这些地区一定要知道

国内比较适合拍摄星空的地区，要属西部高原、草原地区，人烟越稀少、天气越冷、空气通透性越好越适合拍摄星空，而拍摄环境的优劣往往也是跟拍摄出来的图片质量成反比。比较适合拍摄星空的地区，有西藏、新疆、云南、甘肃、青海、内蒙古等。

010 西藏地区

西藏位于青藏高原西南部，平均海拔在 4000 米以上，素有"世界屋脊"之称，西藏地区的拍摄地点推荐有纳木错圣湖、雅鲁藏布大峡谷、林芝市、阿里地区等。西藏地区的地貌大致可分为喜马拉雅高山区、藏南谷地、藏北高原和藏东高山峡谷区。

1. 喜马拉雅高山区

喜马拉雅高山区位于藏南，平均海拔 6000 米左右，山顶长年覆盖冰雪，其中位于西藏定日县境内的珠穆朗玛峰，海拔 8800 多米。由于珠峰大本营已关闭，我们可以选择在珠峰附近拍摄，也能拍出高质量的星空风光大片。但是夜间比较寒冷，大家要带足衣物。每年 4 月到 10 月，是最佳的星空拍摄时间。

2. 藏南谷地

藏南谷地位于冈底斯山脉和喜马拉雅山脉之间，即雅鲁藏布江及其支流流经的地域，这一块谷地较多，基本上无光源污染，环境空气的质量也高，很容易出星空大片。

3. 藏北高原

藏北高原位于昆仑山、唐古拉山和冈底斯山、念青唐古拉山之间，这些高原地区也是非常适合拍星空的，只是气候相对来说比较严寒、干燥。去这些高原地区拍摄星空的话，建议大家准备一只唇膏，否则嘴唇裂开会很疼。

4. 藏东高山峡谷区

藏东高山峡谷区位于那曲以东，包含怒江、澜沧江和金沙江三条大江，构成了峡谷区三江并流的壮丽景观。山顶有常年不化的积雪，山腰有茂密的森林，还有四季常青的田园。

☆专家提醒☆

西藏海拔高、地域广、光源少、空气质量好，因此拍摄出来的星空照片质感很好，只是因为都是夜间拍摄，拍摄环境比较恶劣，对摄影师的身体素质要求比较高。

011 新疆地区

新疆地大物博，有中国最大的内陆河——塔里木河，还有著名的十大湖泊：赛里木湖、博斯腾湖、艾比湖、布伦托海、阿雅格库里湖、阿其格库勒湖、鲸鱼湖、吉力湖、阿克萨依湖、艾西曼湖，别外，新疆的喀纳斯湖风景名胜区也非常适合拍摄星空。

012 川西地区

川西地区自然风景非常迷人，比如九寨沟、黄龙、卧龙自然保护区、四姑娘山、米亚罗红叶风景区、九曲黄河十八弯等风景名胜都位于川西地区，非常适合风光摄影师与星空摄影师拍摄照片。这里属于四川省西部与青海省、西藏自治区交界的高海拔区，被称为"川西高原"。川西地区的拍摄环境比较恶劣，特别是下半年的冬雪季节，因此不建议冬季前往这里拍摄。

013 云南地区

云南的天空特别纯净，空气质量也非常好，有很多地方都很适合拍摄星空，比如泸沽湖、梅里雪山、大山包、洱海、玉龙雪山、石林等。如图2-1所示，就是在云南泸沽湖拍摄的星空夜景。

图2-1 在云南的泸沽湖拍摄的星空夜景　　摄影师：陈默　　光圈：F/1.8，曝光时间：15秒，ISO：1000，焦距：35mm

014 西北地区

西北地区日照时间较长，具有面积广大、干旱缺水、荒漠广布、风沙较多、人口稀少等特点，因此也适合拍摄星空，推荐的拍摄地点有青海湖、鸣沙山月牙泉、库木塔格沙漠等。

通过上面这些拍摄地区的介绍，大家应该会发现笔者推荐的地方都是远离市中心、远离光源污染的地方，而且人烟稀少，很多都是高原地区，这样空气环境才好。很多星空拍摄需要熬夜、在寒风中守候，大家要备好衣物，考验大家意志力和身体素质的时候到了。

2.2 出去玩，这些景区最适合拍星空

上一节向大家介绍了国内最适合拍摄的 5 个地区，每个地区也有推荐不少的地点，那么本节主要介绍几个最佳的拍摄景区，帮助大家更好地熟悉自己将要拍摄的环境，这些景区也是笔者一一亲身体验过之后觉得不错才推荐给大家的。

015 四姑娘山

四姑娘山位于四川省阿坝藏族羌族自治州小金县四姑娘山镇境内，属于青藏高原邛崃山脉，距离成都有 220 千米。四姑娘山山势陡峭，海拔在 5000 米以上的雪峰有 52 座，终年积雪，四姑娘山属于亚热带季风性气候，山地气候随海拔高度而变。

四姑娘山风景名胜区的核心景点有双桥沟、长坪沟、海子沟、幺姑娘山（幺妹峰）、三姑娘山、二姑娘山、大姑娘山。四姑娘山有几个不错的拍摄星空的地点，一个是猫鼻梁，另一个是锅庄坪。建议拍摄时间是 4 月～ 6 月间，因为 7 月～ 9 月是雨季，雨水较多，而 10 月以后，由于山上天气恶劣，为大家的安全考虑，有些路段会实行交通管制。

在四姑娘山拍摄星空照片时，大家可以以茂盛的树林为前景，也可以以远处的雪山为前景，这些都是非常不错的选择。

016 大柴旦盐湖

大柴旦盐湖也被称为依克柴达木湖，或大柴达木湖，位于青海省海西蒙古族藏族自治州大柴旦镇境内，湖区多风，年平均气温 1.1℃，1 月平均气温 -14℃，7 月平均气温 14℃。

在大柴旦盐湖拍摄星空时，大家可以以湖面为前景，将银河和星星倒映在水面，形成天空之境的效果。如图 2-2 所示，是我在大柴旦盐湖拍摄的星空银河，当时夜晚零下 10 摄氏度，气温极低，但让我看到了最震惊的天空之境，画面美得让我忘却了身体的寒冷，拍摄到了大自然回馈的美景，一切都值得。

下面这幅作品是多张照片的合成，使用尼康 D810A 相机，适马 35mm，1.4Art 拍摄：

（1）天空部分开启了赤道仪，ISO 为 800，曝光为 120 秒，光圈为 2.8，5 张曝光；

（2）拍摄地景时关闭了赤道仪，ISO 为 800，曝光为 120 秒，光圈为 2.8，单张曝光；

（3）拍摄倒影也关闭了赤道仪，ISO 为 5000，曝光为 10 秒，光圈为 1.4，单张曝光。

图 2-2　在大柴旦盐湖拍摄的星空银河

017 茶卡盐湖

　　茶卡盐湖是一个位于青海省海西蒙古族藏族自治州乌兰县茶卡镇的天然结晶盐湖，是柴达木盆地四大盐湖之一，该地气候温凉，干旱少雨，年平均气温 4℃，湖面海拔 3100 米，是"青海四大景"之一，是中国有名的"天空之镜"圣地。

　　在茶卡盐湖拍摄星空照片时，大家也可以以盐湖为前景，拍摄出星空的倒影效果，如图 2-3 所示，在茶卡盐湖拍摄的"天空之境"星空作品。不过，茶卡盐湖由于景区管治原因，能够拍摄出的绝美星空也渐渐成为历史。

图 2-3　在茶卡盐湖拍摄的"天空之境"星空作品

018 泸沽湖

　　泸沽湖是一个著名的旅游景区，是中国第三深的淡水湖，湖水最大透明度达 12 米，湖面海拔 2685 米。泸沽湖的夜空很纯净，能拍出很多的星星，整个夜空美不胜收，这里也是星空爱好者经常光顾的地方。因为泸沽湖的美，吸引了很多的游客，四周客栈的光源污染有些严重，但只要利用得好，拍摄出来的星空地景也是非常不错的。

　　云南整体气候相比西藏高原来说简直好太多了，西藏高原不仅海拔高、缺氧，而且夜间寒冷无比，有时达到零下 20 多摄氏度。相比之下，云南整体气候还是偏暖的，只是空气很干燥，摄影人通宵在外面拍星星，晚上风大，再加上水喝得少，嘴唇会非常干燥。如果你要来泸沽湖拍星空的话，一定要准备一只唇膏，这是笔者的经验，不然嘴会肿得特别难受。

　　泸沽湖里面有一个里格岛，是拍摄星空的极佳之地，如图 2-4 所示，就是在泸沽湖里格岛拍摄的星空夜景。

图 2-4　在泸沽湖里格岛拍摄的星空夜景

019 赛里木湖

赛里木湖是新疆海拔最高、面积最大、风光秀丽的高山湖泊，又是大西洋暖湿气流最后眷顾的地方，因此有"大西洋最后一滴眼泪"的说法，湖水清澈透底，透明度可达12米。

如图 2-5 所示，这幅星空作品是在赛里木湖拍摄的，当时我们几个人是开车过去的，我以汽车为前景拍摄，银河清晰可见。

光圈：F/2.8，曝光时间：25秒，ISO：5000，焦距：14mm

图 2-5　在赛里木湖拍摄的星空作品

020 伊犁琼库什台村

琼库什台村位于新疆维吾尔自治区特克斯县喀拉达拉乡，距离县城90千米，村庄四面环山，房屋依水而建，环境非常优美，空气也特别好，很适合拍摄星空。如图2-6所示，就是在伊犁琼库什台村拍摄的星空作品，以村庄和山脉为地景。

光圈：F/2.8，曝光时间：30秒，ISO：4000，焦距：14mm

图2-6 在伊犁琼库什台村拍摄的星空作品

021 林芝风光

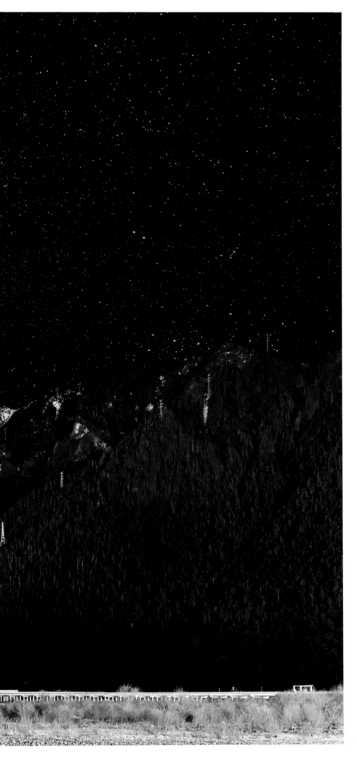

林芝是西藏自治区下辖地级市，风景秀丽，很多地带被誉为"西藏江南"，有世界上最深的峡谷——雅鲁藏布江大峡谷和世界第三深的峡谷——帕隆藏布大峡谷。林芝环境好，空气质量高，大家可以以山峰为地景来拍摄星空，如图2-7所示，是在林芝拍摄的星空作品。

这幅作品是使用尼康 D810A 相机拍摄的，使用适马 35mm 1.4Art 的镜头，天空部分由三张拼接而成，开启赤道仪，ISO 设置为 640，曝光 60 秒，光圈为 F/2.0；地景由两张拼接而成，关闭赤道仪，ISO 设置为 800，曝光 60 秒，光圈为 F/2.0；一共 5 张拼接完成。

图 2-7 在林芝拍摄的星空作品

022 五台山

图 2-8　在五台山拍摄的银河拱桥

　　五台山位于山西省忻州市，由一系列大山和群峰组成，是国家 5A 级旅游景区，是中华十大名山之一、世界五大佛教圣地之一。五台山顶也是拍摄星空最好的位置，能拍摄出一座完整的银河拱桥，如图 2-8 所示。在五台山拍摄星空最好的时间是 4 ～ 10 月。

023 国外景区推荐

图 2-9　在澳大利亚大洋路刀锋岩拍摄的银河拱桥作品

　　上面讲了国内的拍摄景点，其实国外也有很多地方适合拍摄星空大片，比如澳大利亚、冰岛等。因为笔者身在澳大利亚，所以在此地拍摄的星空作品较多，如墨尔本西部大洋路、悉尼蓝山、悉尼波蒂国家公园等。如图 2-9 所示，是在大洋路刀锋岩拍摄的银河拱桥作品。

这张在澳大利亚大洋路刀锋岩拍摄的银河拱桥，是使用索尼 A7 天文改机拍摄的，使用适马 24-70mm F/2.8 的镜头，ISO 设置为 6400，曝光为 30 秒，由 46 张照片矩阵拼接而成（本书第 12 章讲到具体的星空摄影照片后期拼接法）。

2.3 想想，你身边有哪些地方适合拍星空

上面列出的拍摄星空的地点，如果大家都觉得远了，那么可以搜寻身边合适的拍摄地点，比如自己家附近的乡村、高山、湖边以及公园等，只要远离光源污染，都是可以考虑的。

024 乡村：可视度高

乡村的天空非常纯净，不仅环境质量好，人也没有城市里那么多，而且晚上 10 点过后，村里人基本都关灯睡觉了，光源污染也很少，所以这样的夜晚最适合拍摄星空。

如图 2-10 所示，是在西藏林芝索松村拍摄的星空作品，该作品还入围了 2018 年英国格林威治皇家天文台年度天文大赛星野组。

图 2-10 在西藏林芝索松村拍摄的星空作品

025　高山：远离光污染

高山顶上因为远离城市、房屋和灯光，而且离天空较近，感觉伸手就能摸到星星一样，很适合拍摄星空照片。

如图 2-11 所示，这张照片是在浏阳大围山顶拍摄的星空银河照片，四周无光源污染，所以天空中的银河很纯净。笔者在凉亭位置搭了一个帐篷，给地景加了一点人造灯光，照亮整个凉亭，与天空中的银河相得益彰。

图 2-11　在浏阳大围山顶拍摄的星空银河照片

026 水边：天空之境

如果你所居住的地方附近没有乡村和高山，那你想想附近哪里有湖、有河、有水库，只要

图 2-12　在小水塘边拍摄的星空作品

四周没有光源污染，就能拍出美丽的天空之境效果。

　　如图 2-12 所示，是在一个小水塘边拍摄的星空作品，借助水面倒影，拍摄出天空之境效果，天上的星星全部倒映在水面上，景致极美。

光圈：F/1.8，曝光时间：20 秒，ISO：8000，焦距：14mm，5 张照片拼接

027 公园：风景优美

公园的风景是非常不错的，在地景的选择上比较多，可以以树林为前景，也可以以凉亭为前景，还可以以草地为前景。如果公园有湖的话，还可以以湖面为前景。如图 2-13 所示，是在云南大理海舌公园拍摄的星空夜景效果，以湖面为前景拍摄，整个画面非常优美。

光圈：F/2.8，曝光时间：30 秒，ISO：2500，焦距：14mm

图 2-13　在云南大理海舌公园拍摄的星空夜景效果

摄影师：赵友

▪▪▪3▪▪▪ 注意事项：这些拍摄要点要提前知晓

【在前面两章中，我们学习了星空摄影的一些基础知识，也知道了什么样的环境才适合拍摄星空。那么，在实际拍摄星空照片之前，还有一些注意事项需要大家提前知晓，比如拍摄参数如何设置才正确、夜晚对焦的问题如何解决、地面景物应该如何选择、如何合理利用好四周的光线等，这些都需要大家提前掌握。】

3.1 这些参数不设置，小心拍的照片模糊

拍摄星空照片与拍摄普通的风光照片不同，在参数设置上区别很大，用一般拍摄风光照片的参数是无法拍摄出高质量的星空照片的。因此，本小节的内容很重要，对焦、ISO 以及曝光时间等对于拍摄星空照片而言，都是非常关键的参数，大家一定要注意。

028 夜晚，对焦很关键

拍摄星空照片，对焦很重要，只有对焦准确了，才能拍摄出漂亮的星空效果。如果对焦不成功，相机"拍摄键"是按不下去的，照片就无法进行拍摄。那么，我们应该如何对焦呢？一共有 3 种方法，下面分别进行介绍。

1. 用强光手电筒取近景对焦

可以取近景对焦，比如前景中的汽车、树枝、石头或者人物等，强光手电筒是拍摄星空可以用到的器材，用强光手电筒照亮前景中的某个对象，然后用相机对焦，右手半按拍摄键，当相机识别对焦点后移动相机，对画面进行重新构图，取景完毕后，完全按下拍摄键，即可拍摄星空照片。但一定记住，强光手电筒的光非常强烈，在对着人物时不要直接照射眼睛，如果旁边还有其他人进行拍摄，对其影响也非常大，这时就不太建议使用这种方法来进行对焦。如图3-1 所示，下面这张照片就是以汽车为对焦点进行二次构图拍摄的。

图 3-1　以汽车为对焦点进行二次构图拍摄　　　　光圈：F/2.8，曝光时间：30 秒，ISO：4000，焦距：14mm

2．将对焦环调到无穷远

下面以尼康 D850 为例，在手动对焦（MF）模式下，将对焦环调到无穷远（∞）的状态，如图 3-2 所示，然后往回拧一点，这个时候焦点就在星星上。如果拍摄的星星还是模糊的，那么可以向左或向右再轻轻地旋转对焦环，每一次旋转都拍摄一张照片作为参考，然后对比清晰度，直至拍摄的星星清晰为止。

图 3-2　将对焦环调到无穷远（∞）的状态

3．对焦天空中最亮的星星

在相机上按 LV 键，切换为屏幕取景，如图 3-3 所示，然后找到天空中最亮的一颗星星，框选放到最大，接着扭动对焦环，让屏幕上的星星变成星点且无紫边的情况下，即可对焦成功。

图 3-3　按 LV 键切换为屏幕取景

　　如果对焦不准确，那拍摄出来的画面就是虚焦，星星和银河都是模糊的。当然，如果你觉得虚焦拍出来也好看，那可以像笔者这样特意为之，如图 3-4 所示。

图 3-4　虚焦下的星空效果

　　如果对焦准确，那拍摄出来的画面就是清晰的，如图 3-5 所示，这样说明对焦成功了。这两张照片是非常鲜明的对比。

图 3-5　拍摄出来的画面是清晰的就说明对焦准确

029 用多大的 ISO 才合适

　　ISO 就是我们通常说的感光度，即指相机感光元件对光线的敏感程度，反映了其感光的速度。ISO 的调整有两句口诀：数值越高，则对光线越敏感，拍出来的画面就越亮；反之，感光度数值越低，画面就越暗。因此，拍摄星空时可以通过调整 ISO 感光度将曝光和噪点控制在合适范围内。但注意，感光度越高，噪点就越多。

　　在光圈参数不变的情况下，提高感光度能够使用更快的快门速度获得同样的曝光量。感光度、光圈和快门是拍摄星空照片的三大参数，到底多大的 ISO 才适合拍摄星空呢？我们要结合光圈和快门参数来设置。一般情况下，感光度参数值建议设置在 ISO 3200 ～ ISO 6400 之间。

　　案例一：如果光圈为 F2.8 不变，ISO 设置为 1600（这是低感光度的参数），曝光时间为 60 秒，这个参数组合 可以拍摄出一张高质量的星空照片，细节展现得非常完美。

　　案例二：如果光圈为 F2.8 不变，ISO 设置为 6400（这是高感光度的参数），曝光时间为 20 秒，这个参数组合也可以拍摄出一张高质量的星空照片，与上一组案例参数得到的曝光总量是差不多的。

　　通过以上两个案例的讲解，大家应该明白了，在拍摄照片的时候，ISO 参数越高，快门时间就越短，这样成像质量才好；如果 ISO 参数越低，那么曝光时间就要越长，这样成像质量才相同。我们来看下面这张照片，如图 3-6 所示，ISO 为 400，这个参数很低了，单张照片曝光时间是 240 秒，将多张照片叠加，拍摄出来的星空照片细节很丰富。

图 3-6　使用低感光度参数拍摄出来的星空照片　　　　光圈：F/1.8，单张曝光时间：240 秒，ISO：400，焦距：35mm

　　我们继续来看下面这张照片，如图 3-7 所示，ISO 为 5000，这是一个高感光度的参数，而曝光时间比较短，设置的 15 秒，拍摄出来的银河质感也非常细腻。但究竟使用多少 ISO 才能让照片的曝光和噪点在自己能接受的范围之内，是需要拍摄者自己进行考量的。

图 3-7　使用高感光度参数拍摄出来的星空照片　　　　　光圈：F/1.8，曝光时间：15 秒，ISO：5000，焦距：14mm

030 光圈大小怎么设置

　　光圈是一个用来控制光线透过镜头进入机身内感光面光量的装置，光圈有一个非常具象的比喻，那就是我们的瞳孔。不管是人还是动物，在黑暗环境中的时候瞳孔总是最大的，在灿烂阳光下的时候瞳孔则是最小的。瞳孔的直径决定着进光量的多少，相机中的光圈同理，光圈越大，进光量则越大；光圈越小，进光量也就越小。

　　因为拍摄星空照片都是夜间进行的，周围光线本来就很暗，在常规的星空拍摄中，我们往往选择超广角、大光圈，大光圈可以带给我们更加明亮的星体，同时减少曝光时间和降低感光度参数。所以，建议大家选择自己镜头的最大光圈，一般为 F1.8～F2.8，少数广角可以做到F1.4，白平衡设置为自动即可。笔者在拍摄星空的时候，大多用的是 F1.8～F2.8 的大光圈值参数。

　　下面这张照片的光圈值是 F1.8，使用大光圈在飞机上透过窗户拍摄银河的效果，由于曝光时间很短，ISO 值设置得很高，所以星星没有拖线情况，如图 3-8 所示。

图 3-8　使用 F1.8 大光圈拍摄的银河效果　　　　　　　光圈：F/1.8，曝光时间：5 秒，ISO：25600，焦距：14mm

031 曝光时间怎么设置

快门速度就是"曝光时间"，指相机快门打开到关闭的时间，快门是控制照片进光量一个重要的部分，控制着光线进入传感器的时间。假如把相机曝光的过程比作用水管给水缸装水的话，快门控制的就是水龙头的开关。水龙头控制着水缸装多少水，而相机的快门则控制着光线进入传感器的时间。

一般相机的快门参数范围是 30 ～ 1/8000 秒，而尼康 D810A 是一款天文星空摄影专用相机，这款相机的快门参数还有更多种选择，如 60 秒、120 秒、180 秒以及 300 秒等快门参数，给了星空摄影师更多的选择空间。

那么，快门参数究竟该如何设置呢？由于地球自转的缘故，星空和太阳也会产生位移，所以拍摄星空要掌握好快门时间，以免产生星点拖轨的情况。关于保证星点不拖轨的最大快门时间，有几种计算方法，分别为"300 法则"、"400 法则"和"500 法则"。

（1）在 300 法则下，采用 14mm 的镜头拍摄，那么最大曝光时间为 300/14，约等于 21s；

（2）在 400 法则下，采用 14mm 的镜头拍摄，那么最大曝光时间为 400/14，约等于 28s；

（3）在 500 法则下，采用 14mm 的镜头拍摄，那么最大曝光时间为 500/14，约等于 35s。

这 3 个快门速度不会产生明显的星点拖线，不管是哪一种判断法则，我们一般情况下采用 15s ～ 25s 之间的曝光时间即可。来看如图 3-9 所示的这张照片，曝光时间是 3 秒，时间很短，所以天空中星星和银河的细节不明显。

我们接着来看如图 3-10 所示的这张照片，曝光时间是 30 秒，相机充分展现了星星的亮光，将银河的细节全部拍摄出来了，相比上一张照片，银河要明显很多。

光圈：F/1.8，曝光时间：3 秒，ISO：10000，焦距：14mm

图 3-9　曝光时间为 3 秒的星空照片

图 3-10 曝光时间为 30 秒的星空照片

光圈：F/1.8，曝光时间：30秒，ISO：6400，焦距：14mm，9张照片拼接

3.2　这些地方不注意，还是拍不好星空

在拍摄星空照片之前，当我们掌握了光圈、快门以及感光度的参数设置后，接下来要掌握拍摄的一些注意事项，以免白费功夫。因为星空摄影有时候一个晚上才能拍出一张片子，十分不易，所以照片的质量是关键。

032　地面景物是星空照片成败的关键

通过前面两章内容的学习，大家应该知道地景在星空照片中的重要性了，如果只是单纯地拍摄星星和银河，不将地景划入构图中，那整个画面的震撼力是绝对不够的。下面对比无地景和有地景所拍摄的星空照片。

1. 无地景衬托的画面

下面这张照片，就是单独拍摄的银河效果，如图 3-11 所示，银河的细节拍摄得很丰富、细腻，质感也非常不错，但没有地景的衬托，整个画面给人的感觉还是少了些什么。

图 3-11　单独拍摄的银河效果　　　　　　　　　　光圈：F/1.8，曝光时间：20 秒，ISO：8000，焦距：14mm

2. 有地景衬托的画面

如图 3-12 所示，这张照片给人的感觉非常唯美，不仅天空中的繁星点点，地景也犹如仙境。这张照片是在悉尼波蒂国家公园拍摄的，笔者被当时的星空美景所震撼万分。所以，地景能起到锦上添花的效果。常见地景有汽车、人物、路灯、建筑、树林、山丘、天际线等。

图 3-12 有地景衬托的星空照片　　　　光圈：F/1.8，曝光时间：20 秒，ISO：6400，焦距：14mm

如图 3-13 所示，同样是一张融入地景并加入人物的照片。这种天人合一的画面让作品显得更为灵动。

摄影师：赵友

光圈：F/2.0，

天空曝光：360 秒，

地景曝光 300 秒，

ISO：800，

焦距：14mm

图 3-13 融入地景与人物的星空照片

033 超过正常曝光时间，就会出现星星的轨迹

由于地球与星星之间会产生相对位移，如果曝光时间过长，星星就会出现轨迹，在前面的章节中笔者有提及过，这是在相机长时间曝光的情况下，拍摄出来的由恒星产生的持续移动轨道的痕迹。一般情况下采用 15s ～ 25s 之间的曝光时间，这个曝光时间范围内所拍摄出来的星星轨迹是不明显的，没有产生轨迹的星空照片画质更好、更细腻。

如果我们要进行长时间的曝光，那么最好使用赤道仪进行拍摄，这样可以避免出现星星的轨迹。下面对比两张照片被放大后，星星有轨迹和无轨迹的效果，如图 3-14 所示。

星星产生轨迹的效果

星星无轨迹的清晰效果

图 3-14　星星有轨迹和无轨迹的对比效果

034 星空必须要在没有光污染的环境下拍摄

拍摄星空照片，最重要的一点就是不能有光源污染，因为拍摄时会进行长时间的曝光，相机会不断地"吸收"星星的亮光，在这个过程中，相机也会不断地"吸收"画面中其他的光源发出的光，所以如果有光污染的话，整个拍摄出来的画面就会形成曝光过度的现象。

如图 3-15 所示，在这张照片的地景中，由于汽车的亮光比较大，照片经过长时间的曝光后，画面中的汽车轨迹灯光有一些曝光过度的现象。

图 3-15 存在光污染环境下拍摄的星空画面　　　　　光圈：F/1.8，曝光时间：61 秒，ISO：400，焦距：14mm

035 机身与镜头，对拍星空很重要

对拍摄星空的摄影师来说，机身与镜头是非常重要的设备，因为我们在拍摄星空的过程中，会将相机的 ISO 参数调到 3200 甚至更高，如果机身没有这么高的感光度，是拍不了星空的。另外，最好使用全画幅的机身，在前面第 1 章中已经详细介绍了全画幅机身的优势和特点，以及不同镜头对于星空摄影的重要性，这里不再重复介绍。

对于机身光圈的大小来说，F2.8 和 F4 的光圈都能拍摄星空，光圈小一挡，ISO 参数就调高一挡，所以拍摄星空最重要的还是相机的高感能力。如下图 3-16 所示，这张照片机身采用宾得 k5II 拍摄，适马 18 ～ 35mm 的镜头，F1.8 的光圈大小，焦距是 18mm。

图 3-16　使用尼康 D850 相机拍摄的星空照片

036 户外拍摄要防范野生动物的风险

由于拍摄星空照片对地理位置要求的特殊性，要选择无光源污染的地方，所以一般都是高原、草原、山顶等人烟稀少的地方。夜间拍摄星空照片时，一定要防范野生动物的风险，特别是狼群，它们一般都是在晚上成群结队地出来活动。

当你在拍摄星空照片时，如果遇到了野生动物，首先一定要冷静下来，然后保持高度警惕，但不要主动对野生动物发动攻击，这样会暴露自己。如果它没发现你，你就赶紧收起相机躲起来，或者跑到车上去。

如果它发现你了，你要勇敢地面对它，正视它的眼睛，然后慢慢地后退，同时不要让它看出你要逃跑的意思，如果它觉得你不是猎物，而且也不会对它造成伤害，它可能观察一下就会离开。如果是遇到了狼这种动物，不要因为害怕而主动去伤害它们，除非狼首先发起了攻击。而且狼怕火，大家可以利用这一点来脱险。

3.3　你拍的星空照片太暗了？先学学这个

光线对于星空摄影来说，重要性不言而喻，拍摄星空照片时，光线是决定画质影调的关键因素。但是许多星空摄影师对光线的把握感到困难，不知道怎样才能够把握好光线，怎样才能够利用光线拍出更好的星空照片。因此，本节主要向大家介绍光线的相关知识，以及如何合理利用光源来拍摄星空照片的技巧。

037　避开满月时拍摄，这个是关键

在第 1 章中，笔者对满月天和新月天进行了相关的介绍。我们在拍摄星空照片时，一定要避开满月天，这样才能拍摄出满天繁星的效果。如图 3-17 所示，就是在满月时拍摄的星空照片，月亮很亮，所以星星特别稀少。

图 3-17　满月时拍摄的星空照片　　　　光圈：F/8，曝光时间：62 秒，ISO：500，焦距：14mm

038 使用闪光灯补光，可以加强曝光

闪光灯是加强曝光量的方式之一，它能在很短的时间内发射出很强的光线，尤其是在那种伸手不见五指的夜晚，打开闪光灯能让前景更明亮，能为星空画面起到补光的作用。

如图 3-18 所示，整个环境都是黑暗的，后面的树林也是黑暗的，一点光线都没有，所以在拍摄时打开了闪光灯，给前景中的汽车补光。

图 3-18　使用闪光灯补光拍摄的星空照片　　　　　　光圈：F/1.8，曝光时间：16 秒，ISO：3200，焦距：27mm

039 营造相应的氛围光，用来烘托环境

　　在拍摄星空照片时，我们除了可以应用闪光灯进行补光以外，还可以营造相应的氛围光，烘托出环境的氛围。如图 3-19 所示，这张照片借助了灯塔的亮光，银河也清晰可见，灯塔下一对浪漫的恋人相拥，周围用了 LED 灯带，营造出浪漫的氛围光，伞下面的灯光是用手机闪光灯照亮出来的效果，整个画面给人一种特别唯美、浪漫、幸福的感觉。

图 3-19　使用氛围光来烘托环境

在拍摄星空照片时，我们还可以以星空为背景，利用光绘来营造相应的氛围。如图3-20所示，这张照片就是用绳子绑上灯画一个球形，由于曝光时间为30秒，时间较长，所以灯光运动的路径全部都被拍摄下来了，周围也都是光绘的灯照效果。

图 3-20 利用光绘来营造相应的氛围　　　　　　　　光圈：F/2.8，曝光时间：30秒，ISO：3200，焦距：16mm

040 合理利用光源污染，照亮周围地景

拍摄星空照片时，我们经常说不能有光源污染，但如果环境中没有一点光亮，拍摄出来的地景漆黑一片，也是不漂亮的。所以，我们要学会合理地利用光源污染因素，达到为照片锦上添花的效果。

如图3-21所示，就是合理地利用了灯塔的光亮，照亮了地景周围的景色，起到了很好的环境衬托效果，不致使画面太过曝光，同时也拍出了满天繁星的效果，画面感十足，十分吸引观者眼球。

图 3-21　合理利用灯塔的光亮　　　　　　　　　　光圈：F/2.5，曝光时间：30 秒，ISO：8000，焦距：14mm

041 合理利用地面的光线，为地景补光

我们还可以合理地利用地面光线来补光，这样就不用借助外来设备补光了。如图 3-22 所示，就是合理地利用了对面村庄中的灯光来进行补光，地景的雪峰顶上还有对面村庄照过来的光影效果，有非常强烈的明暗对比。

图 3-22　合理地利用地面光线来补光

【拍摄准备篇】

4 前期工作：准备好拍摄的
设备和器材

【当我们熟悉了拍摄星空的注意事项后，接下来开始准备拍摄的设备和器材，这两
项是星空照片拍摄成功与否的关键。对于拍摄普通的风光片来说，一般的摄影器材
即可满足需求，而星空摄影有别于一般摄影，对器材的要求高一点，如果大家想拍
摄出高质量的星空照片，一定要仔细看看本章所讲的设备和器材的相关内容。】

4.1 户外衣物装备，能帮你防寒保暖

拍摄星空能很好地考验摄影师的身体素质能力，第一要能熬夜，第二要能抗寒，如果摄影师身体素质不行的话，是很难坚持下去的。无论是哪个季节去山区拍摄，夜晚都很冷，所以一定要根据拍摄时的天气情况做好防寒保暖措施。

下面笔者一一列出户外拍摄星空需要准备的衣物装备。

（1）背包：准备一个旅行背包，能放所有衣物用品。

（2）鞋子：准备一双舒服的徒步鞋，因为很多时候需要爬到山顶，有些山区汽车不能直接上山，所以一定要一双穿着舒服的鞋子。

（3）衣服：准备好羽绒服（一定要保暖加厚的）、保暖衣裤、冲锋衣裤、多套换洗衣服；冬天要备上围巾、毛线帽、防寒手套等保暖装备。

（4）洗漱用品：如果只拍一个晚上就回家，就不用带洗漱用品，熬一熬就过去了，回家再收拾自己；如果是外出两三天的拍摄，就要带上牙刷、毛巾、香皂、洗发水、梳子等洗漱用品，以备日常所需。

（5）其他用品：暖宝宝、零食、饮用水、润唇膏等。

4.2 必备的摄影器材，少一样都不行

拍摄星空照片，最重要的 3 个设备就是相机、镜头和三脚架，有了这 3 样设备，即可拍摄出一张具有标准美感的星空照片。本节主要介绍拍摄星空照片必备的摄影器材，也是非常重要的摄影器材，缺一样可能会影响整个晚上的拍摄。

042 相机：这款天文专用相机你用过吗

在第 1 章中，详细介绍了 3 款用来拍摄星空照片还不错的相机，如索尼 A7R3、尼康 D850、佳能 6D2，这里再介绍一款天文星空摄影专用相机——尼康 D810A，如图 4-1 所示。

图 4-1　尼康 D810A 天文星空摄影专用相机

尼康 D810A 这款相机为什么称为天文星空摄影专用相机呢？下面我们来看看这款相机用来拍摄星空照片时的优势和特点。

1. 通过光学滤镜还原来自星云射线的美丽红色

尼康 D810A 针对天体的特点，重新改进了光学滤镜的传输特性，能够捕捉到星空摄影师期望的红光景象，如果是使用普通数码单反相机只能拍摄出较浅色的银河效果。如图 4-2 所示，就是使用尼康 D810A 相机拍摄的星空天体效果，光学滤镜对可见光范围中的红光的传输率较高，一般普通相机私自改机后可能会有拍摄普通照片偏红的问题，但尼康 D810A 则不会有这种现象，它能胜任普通情况的拍摄任务。

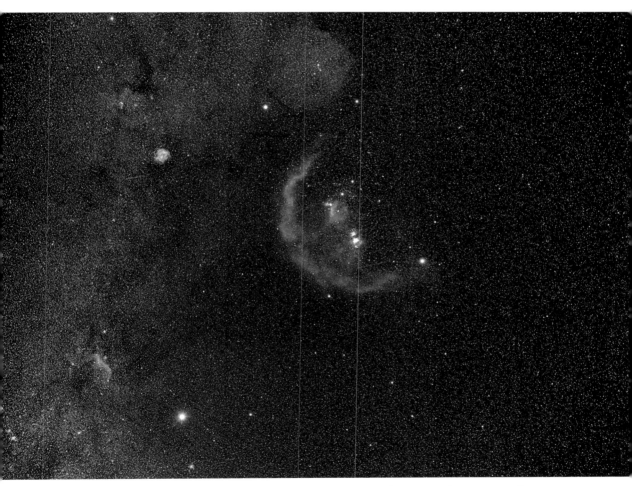

图 4-2　使用尼康 D810A 相机拍摄的星空天体效果　　　　光圈：F/2.8，曝光时间：180 秒，ISO：800，焦距：35mm

下面我们再来看一幅银河拱桥的星空摄影作品，也是使用尼康 D810A 相机拍摄的，整个画面色彩也偏红，使银河展现出来的效果更加绚丽、多彩，如图 4-3 所示。

图 4-3 使用尼康 D810A 相机拍摄的银河效果

光圈：F/2，曝光时间：240 秒，ISO：800，焦距：35mm

2. 能够设置长达 900 秒的快门速度

尼康 D810A 相机除了已有的 P/S/A/M 曝光模式，还新增了长曝光手动（M*）模式，快门速度可以设置为 4、5、8、10、15、20、30、60、120、180、240、300、600、900 秒，可进行 B 门和遥控 B 门设置，非常有利于星空摄影的长曝光和后期合成。

3. 即时取景图像可放大约 23 倍，便于准确对焦

在即时取景模式中，图像可以放大约 23 倍，即使在放大图像后，屏幕中也能高质量地显示图像画面，方便星空摄影师找到对焦峰值，对星点进行准确对焦。

4. 拥有超高的像素，能拍摄出高清的天体对象

尼康 D810A 能获得超高的清晰度和平滑的色调等级，有效像素约 3635 万，可以让摄影师拍摄出高品质的星空照片和天体对象，能够清晰地呈现出色彩和黑白之间的丰富色彩层次，拍摄出令人震惊的天文摄影作品。

☆专家提醒☆

有高档的、专业的相机更好，如果没有，普通的相机也是可以拍星空照片的，如笔者就用老相机尼康 D90 拍过，后期再调整一下，也可获得优秀的星空照片。

043 镜头：哪些镜头适合拍摄天体对象

在第 1 章中，详细向大家介绍了不同焦距镜头的特点，相信大家对镜头有了一定的了解，那么拍摄星空照片时，大家可根据自己需要拍摄的天体对象选择合适的相机镜头。

不论何种品牌的镜头，大家可以按以下 5 种焦距和光圈的规格进行选择。

（1）定焦镜头：14mm/F1.8（最佳）；

（2）定焦镜头：20mm/F1.4（最佳）；

（3）变焦镜头：14-24mm/F2.8（佳）；

（4）变焦镜头：16-35mm/F2.8（佳）；

（5）变焦镜头：16-35mm/F4（欠佳）。

044 三脚架：旋转式和扳扣式，哪个好

三脚架的作用是用来稳定画面的，因为拍摄星空照片需要长时间的曝光，如果是拍摄星轨的话，需要拍摄的时间会更长，甚至是 1 ～ 2 个小时。用三脚架来固定相机或者手机，可以使画质清晰，如果用手持相机或手机的方式来拍摄星空，手是肯定会抖动的，那么拍摄出来的画质一定是模糊不清的。所以，三脚架很重要。

大家选择三脚架的时候，有几个因素一定要注意：

（1）三脚架的稳定性排第一，因为它最重要的作用就是用来稳固相机的。

（2）大家购买三脚架的时候，要注意一下自己的身高，因为三脚架的节数从 1 节到 5 节不等，大家可根据自己的身高来选择合适高度的三脚架，超过自己身高的三脚架也没用，拍摄的时候够不着，且节数越多，脚架不稳的可能性越大。一般情况下，3 节的三脚架即可满足摄影需求。

（3）三脚架按照材质分类可以分为木质、高强塑料材质、铝合金材料、钢铁材料、火山石、碳纤维等多种。笔者首先推荐的是碳纤维材质的三脚架，因为它的重量较轻，适合外出携带，而且稳定性较好，只是价格比较贵。其次是铝合金材质的三脚架，比碳纤维的三脚架重一点，但它坚固，而且价格也便宜些。

基于以上 3 点因素，大家可以根据自己的实际情况进行选择。

现在市面上的三脚架类型主要分为两种：旋转式和扳扣式，各有各的特点。

（1）旋转式的三脚架：通过旋转的方式打开和固定脚架，打开的时候有点麻烦，架起三脚架的速度相对扳扣式来说也比较慢，但是这种三脚架的稳定性会比较好，如图 4-4 所示。

（2）扳扣式的三脚架：通过扳扣的方式打开和固定脚架，打开的速度比旋转式三脚架要快，但这种三脚架没有旋转式的稳定性好，如图 4-5 所示。

图 4-4　旋转式的三脚架　　　　　　　　　图 4-5　扳扣式的三脚架

根据笔者个人的使用经验，推荐旋转式三脚架，更加可靠、专业。

045 全景云台：用于三维全景拼接照片

全景云台是区别于普通相机云台的高端拍摄设备，它可以保证相机在同一个水平面上进行转动拍摄，使相机拍摄出来的星空照片可以进行三维全景的拼合。目前来说，全景云台用得最多的有两种，一种是球形云台，另一种是三维云台，球形云台的体积比较小，而且调节起来十分灵活、方便，能满足常规星空摄影的需求。图 4-6 为三维云台和球形云台的效果图。

图 4-6　三维云台与球形云台

O46　除雾带：防止镜头出现水雾，影响拍摄

我们在南方或者水岸边拍摄星空照片时，夜晚容易起雾，会造成镜头产生水雾的现象，导致照片拍摄失败，这个时候可以使用镜头除雾带，将镜头加热，这样镜头就不会出现水雾了。当空气湿度小于 60% 的时候，镜头基本上不会起雾，可以不用除雾带；如果空气湿度高于 60% 了，建议酌情使用除雾带。除雾带如图 4-7 所示。

图 4-7　镜头除雾带

O47　内存卡：RAW 片子要准备多大的内存卡

我们拍摄星空照片时，一般都是使用 RAW 格式，这样的好处是方便我们对照片进行后期处理。但 RAW 格式的照片是非常占内存容量的，因此要选择一款容量大的相机内存卡，推荐 64G 以上，最好是 128G，而且是要高速卡。

O48　相机电池：一定要充满电，多备几块

相机电池需要准备 2 块以上，越多越好，因为在天气较寒冷的地方，电池的放电速度会比较快，就像冬天在寒冷的哈尔滨，手机拿出来不到一分钟就自动关机了，这是因为冻的。

049 充电宝：能给多个设备充电，必不可少

充电宝能充索尼 A7 系列的微单相机（不能充单反），也能充手机的电，也可以给除雾带供电。出门前，充电宝要充满电，至少准备两个以上的充电宝，而且要选择充电速度比较快的那种。

4.3 可选的摄影器材，让星空锦上添花

上一节介绍的这些拍摄星空照片的必备器材，足以让大家拍摄出一张漂亮的星空照片了，但如果对星空的画质有更高的要求，比如需要拍摄出高质量、画面细腻、色感丰富的星空、银河照片，就需要使用一些其他的辅助设备，如指星笔、快门线、对焦镜、柔焦镜以及赤道仪等。接下来在本节内容中，将向大家进行相关的介绍和说明。

050 指星笔：能快速找到北极星的位置

指星笔又称为激光指示器，也能称为激光笔，被广泛应用于星空摄影领域，是星空摄影师最喜爱的器材之一，照射距离可达 10 千米以上。当我们使用赤道仪进行拍摄时，指星笔的作用就十分强大了，在漆黑的夜里能快速地帮我们找到北极星，完成赤道仪上极轴的校对。指星笔如图 4-8 所示。

图 4-8　指星笔

051 快门线：可以增强拍照的稳定性

快门线是用来控制快门的遥控线，在拍摄星空照片时，常用来控制照片的曝光时间，主要有两个功能，一个是 B 门的锁定，另一个是延时拍摄。

快门线可以有效地提高拍摄的精准度，因为拍摄星空照片时，我们要保证相机的绝对稳定性，不能有晃动，而我们如果是手动按下快门键拍摄的话，多少对相机的稳定性是有一定影响的，可能会导致相机的震动和歪斜，破坏星空照片的完整性，降低照片原有的画质。

所以，这个时候就需要使用到快门线了，它可以控制相机拍照并防止接触相机表面所导致的震动，有提高画面稳定性的作用，同时也减少了手动操作相机所带来的疲劳感。快门线分为有线与无线两种，如图 4-9 所示为无线快门遥控器。

图 4-9　无线快门遥控器

052 对焦镜：能迅速对焦天空中的星点

对焦镜是专为星空对焦而设计的，可以帮助相机迅速地对焦，获取天空中最亮的星星，使其处于取景屏的中央位置。对焦镜片令星点的光源产生衍射而放射出特定的线束光芒，调节线束光芒间的汇合光亮度，从而判定对焦是否清晰准确。对焦镜广泛应用于星空、天体摄影中，如图 4-10 所示。

图 4-10　相机对焦镜

对焦镜的使用方法很简单，首先将镜头对焦模式设置为 MF，相机的拍摄模式设置为 M 挡，然后将相机切换至屏幕取景，放大对焦找到天空中最亮的星点，装上星空对焦镜，通过旋转的方式调节镜片位置，进行手动对焦，当星点对焦成功后，取下镜片并按下快门键进行拍摄即可。

053 柔焦镜：对星空画面有美颜的效果

柔焦镜又称为柔光镜或柔焦滤镜，分为 1 号、2 号和 3 号档次，代表不同的柔焦深浅程度，数字越大，柔焦程度越深。这是一款专业的数码滤镜，使用此镜可以制造出一种既柔又清的效果。从笔者的实拍经验来看，冬日群星璀璨、许多亮星聚集期间，如果这个时候用柔焦镜拍摄，星空效果画面感会很好。

下面我们来看一看未使用柔焦镜和已使用柔焦镜拍摄出来的星空照片对比效果。图 4-11 所示，这张照片是未使用柔焦镜拍摄出来的星空效果，星星颗粒的边缘很明显，锐化程度高，看上去画面没有被柔化的效果。

图 4-11　未使用柔焦镜拍摄出来的星空效果　　　　　光圈：F/1.8，曝光时间：20 秒，ISO：8000，焦距：14mm

图 4-12 所示的这张照片，是使用了柔焦镜拍摄出来的星空效果，星星感觉被羽化了一样，画面感特别柔和，给人软软的感觉，一点都不生硬。这就是未使用柔焦镜与使用了柔焦镜对画面产生的影响。

图 4-12 使用柔焦滤镜拍摄出来的星空效果

光圈：F/2.0，曝光时间：15 秒，ISO：3200，焦距：24mm

054 赤道仪：能防止星星出现拖轨现象

我们在拍摄纯净的星空时，如果星星有轨迹，这张照片就废了，因为画质会模糊，当然那种专门拍摄的星轨照片除外。赤道仪的主要目的就是要克服地球自转对观星的影响，比较好的赤道仪可以在 200mm 下保证 4 ～ 6 分钟内的星星运动不会产生轨迹。

如图 4-13 所示，天空部分的曝光时间是 60 秒，ISO 是 1000，光圈是 F2，使用了信达大星野赤道仪拍摄，星点清晰可见，没有拖轨现象。

图 4-13　使用了信达大星野赤道仪拍摄的星空作品

现在主流的星野赤道仪有两款：一款是信达，另一款是艾顿。

（1）信达大星野赤道仪的精度比较高，如图 4-14 所示。有重锤平衡更稳定，长焦段也能稳定跟踪星点；缺点是略重，安装比较繁琐，小零件太多了。

（2）艾顿有一款小星野赤道仪，如图 4-15 所示。优点是价格便宜，小巧轻便、利于携带，适合广角端星野的拍摄；缺点是不稳定、精度较差，不适合中焦以上的焦段拍摄。

图 4-14　信达大星野赤道仪

图 4-15　艾顿小星野赤道仪

☆专家提醒☆

信达大星野赤道仪使用的是五号电池，多备两块五号电池可以长时间使用，不会出现断电的情况。但艾顿的小星野赤道仪是内置电池，大家使用之前一定要充满电，否则赤道仪就会罢工，这是笔者得到的深刻的教训和经验。

055 强光手电筒：黑暗中用来照亮地景

强光手电筒的主要作用是用来帮助相机对焦，在一个漆黑的夜晚拍摄星空，看不见周围环境，此时只能靠着天空中的星点来对焦，如果相机对焦不准确，那么很难拍摄出优质的星空照片，一夜的寒冷也都白熬了。

如图 4-16 所示，是在山西庞泉沟风景区拍摄的银河照片，当时前景一片漆黑，笔者进行多次对焦都未成功，后来就利用了强光手电筒的强光来对焦，拍摄出了一张震撼的银河拱桥照片。

强光手电筒不仅有对焦的功能，还有保护自己的作用，方便看清周围的事物，防止走夜路的时候摔倒，如果有野生动物靠近，用手电筒可以帮助驱离和躲避。

图 4-16　利用强光手电筒拍摄的银河照片

056 硬币：能拧快装板，固定相机

如果大家要拍全景接片的星空照片，一定要记得带一枚硬币在身上。因为相机需要通过一个卡块与三脚架连接，这个卡块也称为快装板，如图 4-17 所示。

图 4-17　相机底部快装板

由于拍摄星空照片需要不停地左右、上下移动相机，快装板很容易松动，而一松动，相机就不稳定，拍片就会出问题。在快装板的中间有一个凹进去的槽，这个凹槽的宽度刚好能够放入一枚硬币，当快装板松动的时候，通过硬币可以方便快速地拧紧快装板，将相机稳稳地固定在三脚架上面。这个经验对拍摄星空来说非常实用。

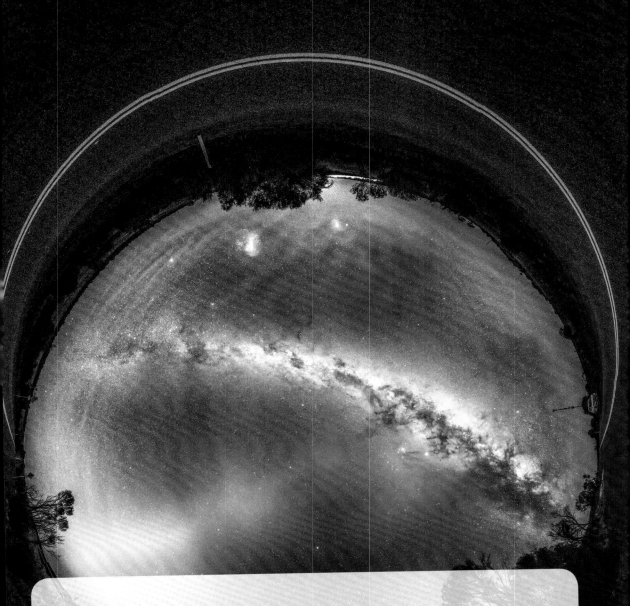

⋯⋯**5**⋯⋯ 拍摄神器：安装拍星必备的 APP 工具

【在拍摄星空照片之前，我们还要掌握一些有用的 APP 工具，可以帮助大家预测银河的方位、拍摄的地形，以及精准地预测未来一周的天气状况。因为拍摄星空与天气是十分相关的，所以这些工具可以给我们很大的帮助，避免很多无用功。本章主要向大家介绍 Planit、StarWalk、Sky Map、晴天钟以及 Windy 等 APP 的使用方法。】

5.1 拍星神器，能快速找到银河与星星位置

大家在拍摄星空照片时，还要学会借助一些 APP 的功能，这样可以更有效率地拍摄星空照片。比如通过 APP 可以查看北极星的位置，这样就不用对着天空盲目地寻找星星方位了；还可以通过 APP 预测银河的升起与降落时间，以及银河的具体方位，就不至于在寒冷的夜晚长时间的等待。本节主要介绍 3 款有效预测银河方位与地形的 APP，希望能给大家带来帮助。

057 Planit：可以看到银河的方位

Planit 是一款专业的风光摄影"神器"，可以精准地推算出银河升起的时间，以及月亮、太阳的升起与降落时间，还能算出银心高度、角度等，对星空摄影师来说帮助非常大。

1. 安装 Planit

使用 Planit APP 之前，首先需要安装该 APP。这款 APP 是需要付费购买的，目前价格是人民币 68 元，如果你经常拍摄星空照片的话，这个价格还是非常值得的。下面介绍安装 Planit APP 的方法，具体操作步骤如下：

Step01 在苹果手机上，打开应用商店，点击右下角的"搜索"标签，如图 5-1 所示。

Step02 进入"搜索"界面，点击"搜索"文本框，如图 5-2 所示。

图 5-1　点击"搜索"标签

图 5-2　点击"搜索"文本框

Step03 ❶在文本框中输入需要搜索的 APP 名称——Planit；❷点击右下角的"搜索"按钮，如图 5-3 所示。

Step04 执行操作后，即可在下方搜索到需要的 APP，点击"Planit 巧摄专业版"APP 名称，

如图 5-4 所示。

图 5-3　点击"搜索"按钮

图 5-4　点击 APP 的名称

Step05 进入 APP 详细界面，点击价格"￥68.00"，如图 5-5 所示。

Step06 执行操作后，即可弹出 APP 的付费信息，如图 5-6 所示，用户按下指纹或输入密码付款后，即可开始安装该 APP。

图 5-5　点击价格"￥68.00"

图 5-6　弹出 APP 的付费信息

2．使用 Planit

安装好 Planit APP 后，接下来开始使用 Planit APP 中的核心功能。Planit 有一个独特的功能，就是虚拟现实取景框，也可以简称为 VR。Planit 中的 VR 非常精确，可以给大家最精准的数据指南。下面我们来看看 Planit 中的核心功能。

（1）查看方位信息

首先，点击手机桌面的 Planit APP 图标，进入 Planit 启动界面，如图 5-7 所示；稍等片刻，进入 VR 场景界面，在其中可以查看地图上的方位数据信息，如图 5-8 所示。

图 5-7　进入 Planit 启动界面

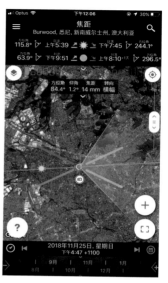

图 5-8　查看方位数据信息

在 Planit 主界面上，左右滑动选择"日出日落"一列，其中显示了日出的方位角、日出时间、日落时间等信息，如图 5-9 所示；大家在 Planit 中还能搜索未来一个月的日出时间，只需要在上方设置"开始日期"和"结束日期"即可，如图 5-10 所示。因为拍摄星空照片时，最好在日出前一个半小时结束拍摄，因此大家要了解日出的具体时间。

图 5-9　查看日出日落信息

图 5-10　查看未来一个月的信息

在 Planit 主界面上，左右滑动选择"月出月落"一列，可以查看月亮的升起与降落时间，如图 5-11 所示；选择"银心可见区间"一列，可以查看银心的仰角区间和方位角信息，如图 5-12 所示。

图 5-11　查看月亮的升起与降落时间

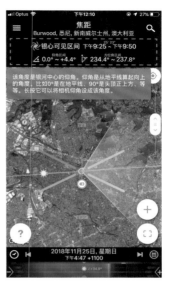

图 5-12　查看银心的可见区间

（2）掌握拍星实用功能

在 Planit APP 中，还有许多比较实用的功能，如地图、摄影工具、星历功能以及事件等，熟练掌握这些功能，可以更好地享受 Planit APP 为你带来的好处。在 Planit APP 主界面中，❶点击左上角的"设置"按钮▤，左侧弹出列表框；❷选择"地图"选项，如图 5-13 所示；❸弹出"地图图层"列表框，用户可以在其中选择需要的地图进行查看，如图 5-14 所示。

图 5-13　选择"地图"选项

图 5-14　选择需要的地图

在"设置"列表框中，选择"摄影工具"选项，弹出"摄影工具"列表框，可以在其中使用摄影的相关工具，如坐标和海拔、距离和视线、焦距、查看景深以及查看全景等功能。选择相应的选项，即可查看摄影信息，如图 5-15 所示。

在"设置"列表框中，选择"星历功能"选项，弹出"星历功能"列表框，可以在其中查看星历的相关信息，如日月出落、曙暮时段、日月位置、日月搜索、星星星轨、银河中心、流星预测、夜空亮度以及日食月食等，如图 5-16 所示，这些信息都有助于我们拍摄星空照片。

图 5-15　摄影工具　　　　　　　　　　　图 5-16　星历功能

在"星历功能"列表框中，点击"银河搜索"按钮，可以搜索到相应地点的银河上升方位，如图 5-17 所示，绿色圆圈的渐变弧线就是银河的方位，还可以通过虚拟现实取景框更详细地查看，掌握仰角、焦距等信息。当我们知道了银心的可见区间和方位后，就可以提前架好三脚架、取好景，接下来吃顿美美的晚餐，然后等待银河的升起就可以了。

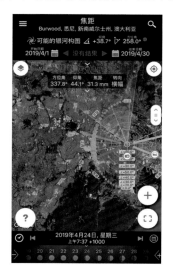

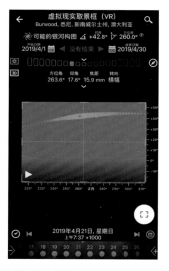

图 5-17　搜索相应地点的银河上升方位

058 StarWalk：星空摄影师的神兵利器

StarWalk 的中文名称是星空漫步，使用该 APP，在夜空下进行拍照时，就可以知道具体的星座以及星名，对星空摄影爱好者来说，Star Walk 带来的是专业的星空体验。当用户将手机指向天空的时候，StarWalk 可以自动识别出本区域的星座数据。下面介绍安装与使用 StarWalk APP 的具体操作方法，希望读者熟练掌握本节内容。

1. 安装 StarWalk

StarWalk APP 已经升级到第 2 代了，名叫 StarWalk 2，下面介绍具体的安装方法。

Step 01 在苹果手机上，打开应用商店，进入"搜索"界面，如图 5-18 所示。

Step 02 ❶在"搜索"文本框中输入 APP 的名称；❷点击"搜索"按钮，如图 5-19 所示。

图 5-18　进入"搜索"界面

图 5-19　点击"搜索"按钮

Step 03 界面下方即可搜索到需要的 APP，点击该 APP 的名称，如图 5-20 所示。

Step 04 进入 APP 详细信息界面，点击"云下载"按钮，如图 5-21 所示。

图 5-20　点击 APP 的名称

图 5-21　点击"云下载"按钮

Step05 开始下载 StarWalk APP，并显示下载进度，如图 5-22 所示。

Step06 待 APP 下载完成后，软件名称下方将显示"打开"字样，表示 APP 已经安装完成，如图 5-23 所示。

图 5-22 显示下载进度

图 5-23 APP 安装完成

2. 使用 StarWalk

安装好 StarWalk APP 后，接下来教大家如何使用，以及通过 StarWalk APP 查看天体数据的方法，具体操作步骤如下。

Step01 点击桌面的 StarWalk 2 APP 图标，进入 StarWalk 2 启动界面，如图 5-24 所示。

Step02 稍等片刻，进入 StarWalk 主界面，此时将手机对着天空，即可自动识别出本区域的星座数据，还有相关星座的名称，如图 5-25 所示。

图 5-24 进入启动界面

图 5-25 自动识别星座数据

Step 03 点击右下角的"菜单"按钮▤，进入"菜单"界面，选择"新功能"选项，如图 5-26 所示。

Step 04 进入"新功能"界面，选择列表框中的"今晚可见"选项，如图 5-27 所示。

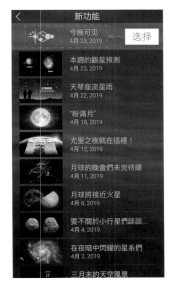

图 5-26 选项"新功能"选项　　　　　图 5-27 选择"今晚可见"选项

Step 05 进入"今晚可见"界面，在其中可以查看今晚的流星雨状况，比如观测流星的最佳时间等，如图 5-28 所示。

Step 06 在下方点击"月球靠近行星"按钮，可以查看月球靠近行星的时间，如图 5-29 所示。

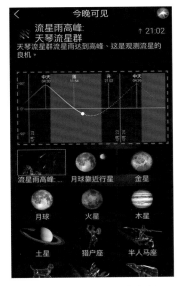

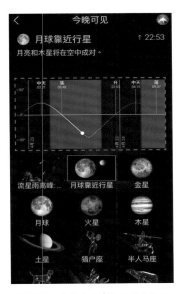

图 5-28 观测流星的最佳时间　　　　　图 5-29 查看月球靠近行星的时间

Step 07 在下方点击"猎户座"按钮，可以查看猎户座的观测时间，界面中提示用户日落后可以观测猎户座 3 个小时，如图 5-30 所示。

Step 08 在下方点击"天蝎座"按钮，可以查看天蝎座的升起与降落时间，界面中提示用户天蝎座在大部分夜晚都可见，如图 5-31 所示。

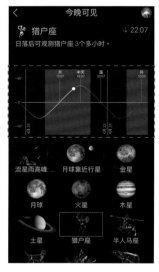 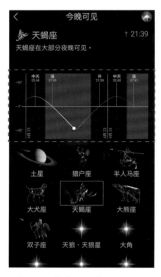

图 5-30　查看猎户座的观测时间　　　　　图 5-31　查看天蝎座的观测时间

Step 09 点击界面左上角的"返回"按钮，返回"菜单"列表，在其中选择"Sky Live"选项，如图 5-32 所示。

Step 10 进入相应界面，可以查看当天的天体情况，比如太阳、月球、金星、火星、木星、土星的升起与降落时间，还有角度方位等信息，如图 5-33 所示，这些信息对星空摄影来说相当重要。

图 5-32　选择"Sky Live"选项　　　　　图 5-33　查看当天的天体情况

059 Sky Map：星空和星轨拍摄神器

　　Sky Map 又称为星空地图，是一款免费的观星软件，大家在夜晚举起手机就能看到夜空中的各个星座，对拍摄星空或者星轨来说十分方便，可以助你快速找到北极星的方位。这款软件操作起来也很简单，界面一点都不复杂，适合各类群体使用。

1. 安装 Sky Map

　　使用星空地图 APP 之前，首先需要安装该 APP，下面介绍安装星空地图的具体方法。

`Step01` 在应用商店中，搜索"星空地图"或者 Sky Map APP，如图 5-34 所示。

`Step02` 选择"星空地图"APP，点击界面下方的"安装"按钮，如图 5-35 所示。

图 5-34　搜索"星空地图"APP

图 5-35　点击"安装"按钮

`Step03` 开始安装"星空地图"APP，下方显示安装进度，如图 5-36 所示。

`Step04` 待软件安装完成后，显示"打开"按钮，表示 APP 安装完成，如图 5-37 所示。

图 5-36　开始安装 APP

图 5-37　显示"打开"按钮

2. 使用 Sky Map

Sky Map（星空地图）APP 相比前面两款软件来说，操作上要简单一点，但功能相对来说没有前面两款 APP 强大，下面介绍使用 Sky Map（星空地图）APP 观测星空的操作方法。

Step01 点击手机桌面上的"星空地图"APP 图标，进入 Sky Map（星空地图）启动界面，如图 5-38 所示。

Step02 稍等片刻，进入 Sky Map（星空地图）APP 主界面，该 APP 会自动识别手机摄像头正前方区域内的星空天体数据，如图 5-39 所示。

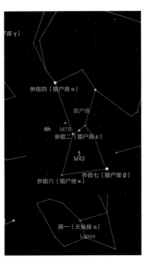

图 5-38 进入启动界面　　　　　　　　　　图 5-39 自动识别星空数据

Step03 用手指在主界面上点击一下，屏幕上即可显示相应的辅助功能。在界面上方点击"搜索"按钮🔍，如图 5-40 所示。

Step04 ❶弹出搜索框，在其中输入需要搜索的星座名称，这里输入"北极星"；❷点击界面下方的"前往"按钮，如图 5-41 所示。

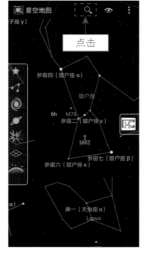

图 5-40 点击"搜索"按钮　　　　　　　　图 5-41 输入星座的名称

☆专家提醒☆

在图 5-40 中，屏幕左侧有一排按钮，这些按钮主要是用来控制星体的显示状态，大家可以一一尝试操作一下，对于观测星空会有不一样的体验。

Step05 执行操作后，此时界面中将显示一个紫色的框，箭头方向指向右边；我们将手机向右移动，此时箭头变成了红色，箭头方向指向上边；我们再把手机向上抬起，即可找到需要的北极星位置，如图 5-42 所示。

图 5-42　根据箭头方向找到需要的星体

☆专家提醒☆

在图 5-42 中，箭头的颜色会随着手机与星体之间的距离变化而产生相应的变化，距离很远的时候会显示紫色，越来越接近星体的时候，箭头会显示红色，最终确定星体位置时，会显示橘黄色，所以我们可以根据箭头的颜色来判断星体的方向。

5.2　这些 APP，能精准预测拍摄星空当天的天气

上一节向大家详细介绍了预测天体数据的 APP，比如预测银河的方位、天体对象的升起与降落时间等，如果要拍摄星空照片，掌握这些信息还是不够的，我们还要精准地预测天气状况，天气的好坏与星空拍摄的成功与否息息相关。因此，本节向大家介绍几款常用来预测天气的 APP，帮助大家即时了解天气的情况。

060　晴天钟：未来 72 小时的天气预测软件

晴天钟是天文爱好者必备的实用小工具，主要提供天文用途的天气预报，可以精准地预测

未来 72 小时内的天气情况。当我们计划要出门拍摄星空时，先使用"晴天钟"APP 来查一查当地未来的天气。下面介绍安装与使用"晴天钟"APP 的操作方法。

1. 安装晴天钟

下面介绍安装"晴天钟"APP 的操作方法，具体操作步骤如下。

Step01 在应用商店中，打开"搜索"界面，如图 5-43 所示。

Step02 ❶在文本框中搜索"晴天钟"APP；❷点击"搜索"按钮，如图 5-44 所示。

图 5-43　打开"搜索"界面

图 5-44　点击"搜索"按钮

Step03 搜索到"晴天钟"APP，点击该 APP 的名称，如图 5-45 所示。

Step04 进入"晴天钟"APP 详细介绍界面，点击"获取"按钮，如图 5-46 所示。

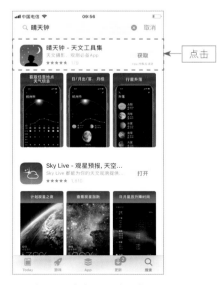

图 5-45　点击 APP 的名称

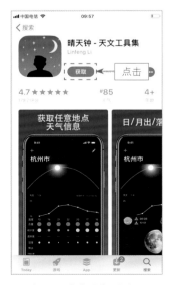

图 5-46　点击"获取"按钮

Step 05 执行操作后，即可开始安装"晴天钟"APP，并显示安装进度，如图 5-47 所示。

Step 06 待 APP 安装完成后，界面中显示"打开"按钮，表示安装完成，如图 5-48 所示。

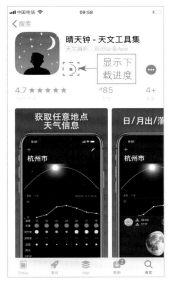 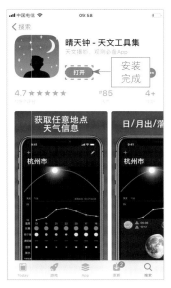

图 5-47　开始安装 APP　　　　　　　　　　图 5-48　APP 安装完成

2．使用晴天钟

当我们将"晴天钟"APP 安装到手机上之后，接下来教大家如何使用晴天钟来查看天气情况，帮助我们更好地拍摄星空照片。

Step 01 打开"晴天钟"APP，进入 APP 主界面，在其中可以查看用户当前所在位置的天气情况，如温度、云量、视宁度、透明度、温度以及降水情况。从右向左滑动屏幕，可以查看未来 72 小时内的天气情况，如图 5-49 所示。

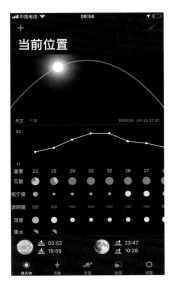 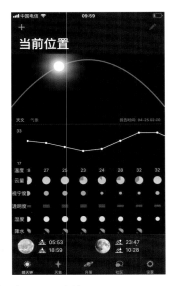

图 5-49　查看用户当前所在位置的天气情况

Step 02 接下来教大家搜索目的地的天气情况。比如我想知道泸沽湖的天气情况，❶可以点击界面左上角的"+"按钮，打开左侧界面；❷点击下方的"+"按钮，如图 5-50 所示。

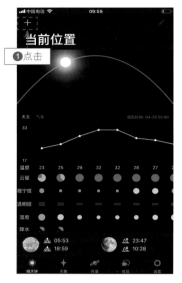

图 5-50　点击下方的"+"按钮

Step 03 进入"搜索"界面，点击"搜索"栏，如图 5-51 所示。

Step 04 ❶在"搜索"栏中，输入需要查询的地点，如"云南泸沽湖"；❷点击界面右下角的"搜索"按钮，如图 5-52 所示。

图 5-51　点击"搜索"栏　　　　　　图 5-52　输入需要查询的地点

Step 05 执行操作后，即可搜索到泸沽湖的天气情况，界面左侧的上方显示了搜索的地点，如图 5-53 所示。

Step06 从右向左滑动屏幕，隐藏左侧界面，可以全屏查看泸沽湖的天气情况，下方还可以查看泸沽湖太阳、月亮的升起与降落时间，如图 5-54 所示。

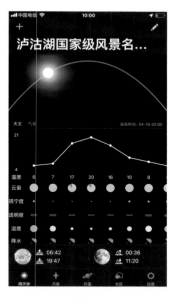

图 5-53　显示搜索的地点　　　　　　　　　图 5-54　查看泸沽湖的天气

Step07 在该界面中，点击"气象"标签，即可查看泸沽湖的气象情况，如温度、湿度、天气以及风向等。从这个界面中可以了解到未来 3 天内是什么样的天气，如图 5-55 所示。

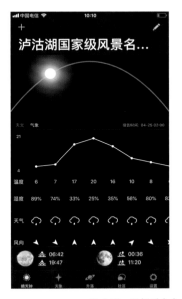

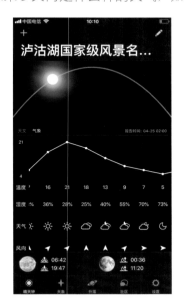

图 5-55　了解到未来 3 天内是什么样的天气

Step08 在 APP 界面下方，点击"天象"标签，即可切换至"天象"界面，在其中可以查看相关的天象信息，非常详细、全面，具体的时间也非常清楚，对于我们拍摄星空天体的摄影师来说十分有用，如图 5-56 所示。

图 5-56　查看相关的天象信息

Step 09 在 APP 界面下方，点击"升落"标签，即可切换至"升落"界面，在其中可以查看太阳、月球、水星、金星、火星、木星、天王星以及海王星等天体对象的上升与落下时间，可以帮助我们更好地了解天体的运动时间，有助于进行天体摄影，如图 5-57 所示。

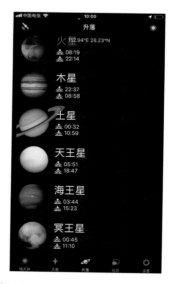

图 5-57　查看天体对象的上升与落下时间

Step 10 在 APP 界面下方，点击"社区"标签，即可切换至"圈子"界面，在其中可以查看关于星空摄影的相关技术知识，有助于用户提升星空摄影技术，如图 5-58 所示。

☆专家提醒☆

在"晴天钟"APP 主界面下方，点击"设置"标签，即可切换至"设置"界面，在其中可以对"晴天钟"APP 进行相关设置，使 APP 在操作上更符合大家的使用习惯。

图 5-58　查看关于星空摄影的相关技术知识

O61 Windy：预测降雨、风力等气象条件

Windy 是一款非常好用的气象服务 APP，可以预测 10 天内的气候情况，可以在手机上查看详细的风向和风速，可以进行温度、高度的预测，帮助我们更详细地了解天气情况。下面介绍安装与使用 Windy APP 的操作方法。

1. 安装 Windy

下面介绍安装 Windy APP 的操作方法，具体操作步骤如下。

Step01 ❶在应用商店中，搜索 Windy；❷点击 APP 的名称，如图 5-59 所示。

Step02 进入 Windy APP 详细介绍界面，点击"获取"按钮，如图 5-60 所示。

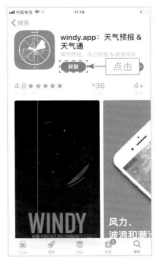

图 5-59　点击 APP 的名称　　　　图 5-60　点击"获取"按钮

Step03 执行操作后，即可开始安装 Windy APP，并显示安装进度，如图 5-61 所示。

Step04 待 APP 安装完成后，界面中显示"打开"按钮，表示安装完成，如图 5-62 所示。

图 5-61　显示安装进度

图 5-62　APP 安装完成

2. 使用 Windy

下面介绍使用 Windy APP 查看天气情况的方法，具体操作步骤如下。

Step01 打开 Windy APP，弹出"允许推送通知"界面，点击"跳过"按钮，如图 5-63 所示。

Step02 进入 Windy APP 主界面，在界面的中间显示了用户当前位置的天气情况，如温度、风速、气候等，点击"我的位置"信息栏，如图 5-64 所示。

图 5-63　点击"跳过"按钮

图 5-64　点击位置信息栏

Step 03 在打开的界面中，可以查询详细的天气情况；向左滑动屏幕，可以查看未来 10 天的天气情况；在上方点击不同的标签，可以查看不同的气候信息，如图 5-65 所示。

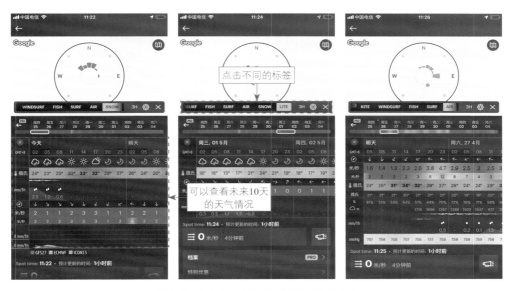

图 5-65 点击不同的标签查看不同的气候信息

Step 04 点击左上角的"返回"按钮，返回主界面。点击"遇风"下方的"最近点"缩略图，可以查看附近的天气情况，如图 5-66 所示。

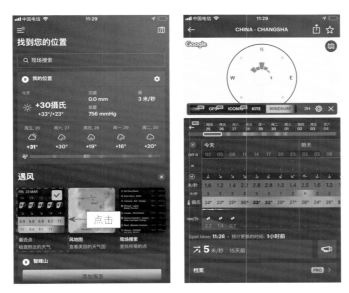

图 5-66 查看附近的天气情况

Step 05 点击左上角的"返回"按钮，返回主界面。点击"遇风"下方的"风地图"缩略图，可以查看风力情况，如图 5-67 所示。

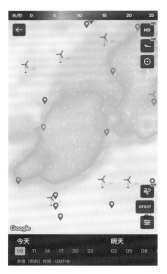

图 5-67　查看风力情况

Step 06 点击左上角的"返回"按钮，返回主界面。接下来我们搜索需要查看的目的地的天气，比如海南博鳌白金湾。在主界面中点击"现场搜索"文本框，如图 5-68 所示。

Step 07 进入搜索界面，❶在上方输入"海南"；❷在弹出的列表中选择"China- 海南博鳌白金湾"地点；❸点击右下角的"搜索"按钮，如图 5-69 所示。

图 5-68　点击"现场搜索"文本框

图 5-69　输入并选择相应地点

Step 08 执行操作后，即可查看搜索到的目的地的具体天气情况，如图 5-70 所示。

☆专家提醒☆

　　当用户搜索到相应目的地之后，可以点击右上角的"收藏"按钮☆，收藏该地点，方便下次打开该APP 的时候，即时查看该地的天气信息。

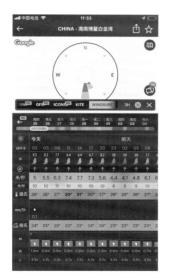

图 5-70　查看搜索到的目的地的具体天气情况

062 地图：奥维互动地图，掌握精准位置

奥维互动地图是一款地图导航类的软件，该 APP 的功能十分强大，不仅可以搜索相应的景点与交通信息，还可以进行其他范围的搜索，如餐饮、娱乐、银行、住宿、购物、医院以及公园等信息，帮助用户一站式解决出行问题。下面介绍奥维互动地图的基本使用技巧。

Step01 打开应用商店，搜索"奥维互动地图"APP，如图 5-71 所示。

Step02 点击"奥维互动地图"右侧的"安装"按钮，开始安装 APP，如图 5-72 所示。

图 5-71　搜索 APP　　　　　　　　图 5-72　安装 APP

Step03 安装完成后，打开"奥维互动地图"APP，进入欢迎界面，如图 5-73 所示。

Step04 稍等片刻，进入"奥维互动地图"主界面，如图 5-74 所示。

图 5-73　进入欢迎界面

图 5-74　进入 APP 主界面

Step05 点击界面上方的"搜索"按钮，进入"视野内搜索"界面，如图 5-75 所示。在其中用户可以搜索有关餐饮、交通、娱乐、银行、住宿、购物以及生活等方面的资讯，涵盖用户的吃、住、行、游、购、娱等 6 大方面。

Step06 点击"搜索栏"文本框，在其中输入需要搜索的内容，❶输入"岳麓山"，搜索显示岳麓山的相关信息；❷点击"搜索"按钮，如图 5-76 所示。

图 5-75　进入"视野内搜索"界面

图 5-76　显示搜索的相关信息

Step07 执行操作后，即可搜索到需要的景点信息，并显示具体位置，如图 5-77 所示。

Step08 用户点击界面上方的"路线"按钮，可以查看相应的路线信息，❶这里点击"步行"按钮；❷然后设置起点与终点位置；❸点击"搜索"按钮，如图 5-78 所示，即可搜索到相应的路线行程，跟着 APP 提供的路线行走，即可到达终点位置。

图 5-77　显示具体位置　　　　　　图 5-78　搜索路线信息

Step 09 点击"返回"按钮，返回主界面，点击"搜索"按钮，进入"视野内搜索"界面，点击"交通"选项下的"公交站"类别，如图 5-79 所示。

Step 10 执行操作后，即可搜索到景点附近有关的公交车出行路线信息，如图 5-80 所示。这个软件功能十分强大，可搜索的内容涉及用户出行的方方面面。

图 5-79　点击"交通"类别　　　　　图 5-80　显示搜索到的公交站

☆专家提醒☆

　　还有一些其他的 APP 也能预测天气，如 Meteoearth、MeteoBlue 等，由于本书篇幅有限，本章只着重介绍了两款预测天气的 APP。

摄影师：赵友

■■■■ 6 ■■■■ 取景技巧：极具画面美感的
星空构图

【星空构图也叫"星空取景"，是指在星空摄影创作过程中，在有限的平面的空间里，借助摄影者的技术技巧和造型手段，合理安排画面上各个元素的位置，把各个元素结合并有序地组织起来，形成一个具有特定结构的星空画面。本章主要介绍拍摄星空照片时的各种常用取景技巧，有助于提升照片的画面感。】

6.1　常用的 4 种构图法，拍出最美星空照片

拍摄星空，摄影构图是拍出好照片的第一步，由于相机或手机镜头的大小有限，这就更需要用户在前期做好画面的构图了。构图是突出星空照片主题的最有效的方法，这也是摄影大师和普通摄影师拍出的照片区别最明显的地方。本节主要向大家介绍 4 种常用的构图技法，分别是前景构图、横幅构图、竖幅构图以及三分线构图。

063　前景构图：用这些对象做前景，很有意境

拍摄星空照片的时候，前景很重要，能为画面起到修饰与突出主题的作用，还能给观众带来一种身临其境的感觉，加强了整个画面的空间感、立体感。一般情况下，我们可以设置为前景的对象包括：人物、汽车、建筑、山脉、树林等。

如图 6-1 所示，是在悉尼蓝山公园拍摄的星空摄影作品，以人物头戴强光手电筒为前景，照片左侧下半部分还有相应岩石为前景衬托；上半部分的整个星空，左边是大小麦哲伦星云，右边是银河。画面非常有质感和意境。

如图 6-2 所示，是在悉尼波蒂国家公园（Bouddi National Park）拍摄的，以水池和岩石为前景，天上的星星全部映在水面上，岩石的形状也特别富有个性，整个画面非常唯美。

光圈：F/1.8，曝光时间：30 秒，ISO：3200，焦距：14mm

图 6-1　在悉尼蓝山公园拍摄的星空摄影作品

图 6-2　在悉尼波蒂国家公园拍摄的星空

光圈：F/1.8，曝光时间：20 秒，ISO：6400，焦距：7mm

如图 6-3 所示，是在长治平顺的山顶上拍摄的银河，以延绵起伏的山脉为前景，很好地衬托了画面的辽阔感。

图 6-3 在长治平顺的山顶上拍摄的银河　　　　　　光圈：F/3.5，曝光时间：181 秒，ISO：3200，焦距：15mm

如图 6-4 所示，是在悉尼邦布海滩（Bombo Beach）拍摄的，以湍流和岩石为前景，笔者以慢门的手法拍摄的湍流，使画面展现出仙境般的效果，这就是前景的重要性。

图 6-4 在悉尼邦布海滩拍摄的星空　　　　　　光圈：F/1.8，曝光时间：20 秒，ISO：8000，焦距：14mm

064　横幅构图：最能体现震撼、大气的场景

拍摄星空照片时，横幅全景构图也是使用得比较多的手法，主要是拍摄银河拱桥的时候用得比较多。这种构图的优点：一是画面丰富，可以展现更多的内容；二是视觉冲击力很强，极具观赏性。下面我们来看一些笔者拍摄的横幅全景照片。

如图 6-5 所示，是在阿拉善拍摄的 18 张照片拼接的横幅全景照片，银河拱桥拍摄得很美、很震撼，将一棵树放在了画面正中心的位置，可以汇聚焦点，为画面起到画龙点睛的作用。

图 6-5　在阿拉善拍摄的 18 张照片拼接的横幅全景照片

如图 6-6 所示，是在柏叶口水库拍摄的 8 张照片拼接的横幅全景照片，以水库为前景，山顶的曲线和水面慢门的拍摄衬托出了画面的朦胧美感，整个画面有强烈的明暗对比效果。

图 6-6　在柏叶口水库拍摄的 8 张照片拼接的横幅全景照片

如图 6-7 所示，是在刀锋岩湾拍摄的 8 张照片拼接的横幅全景照片，拍摄的时候将月亮放到了画面的焦点位置，汇聚了视线，周围的环境与天空相互呼应，画面感极美。

图 6-7　在刀锋岩湾拍摄的 8 张照片拼接的横幅全景照片

如图 6-8 所示，是以人物手持强光手电筒为前景拍摄的横幅全景，为我张照片拼接的效果，相比单张近景照片，画面感是不是更加辽阔了？

图 6-8　以人物手持强光手电筒为前景拍摄的横幅全景拼接效果　　　　　　　　　　　　　摄影师：赵友

如图 6-9 所示，是笔者站在悉尼附近的蓝山之巅拍摄的横幅全景，为多张照片的拼接效果，整个画面的感染力很强。笔者站在画面的正中心，俯瞰辽阔的原野与深邃的峡谷，面对无边无际的未知世界、面对驰骋无垠的空间，希望能够继续探寻更多星空的奥秘。

图 6-9　笔者站在悉尼附近的蓝山之巅拍摄的横幅全景拼接效果

当我们在沙漠、戈壁这种大场景的地区拍摄星空照片时，一定要拍摄一幅横幅全景作品，因为横幅全景画面的视野宽阔，所以给人带来的视觉冲击力非常强，只要大家在拍摄时遵循一定的规律，挑选好前景对象，一般都能拍出非常漂亮、大气的全景照片。

065 竖幅构图：能拍出银河的狭长和延伸感

竖幅构图的特点是狭长，而且可以裁去横向画面多余的元素，使得画面更加整洁、主体突出。竖幅构图可以给欣赏者一种向上向下延伸的感受，可以将画面上下部分的各种元素紧密地联系在一起，从而更好地表达画面主题。

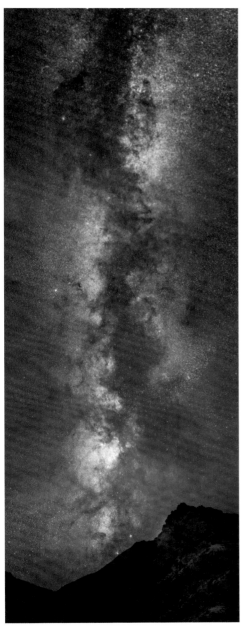

如左图 6-10 所示，拍摄的竖幅画面体现了银河的狭长，这是 8 张照片拼接而成的效果，拍出了银河丰富的色彩和细节。

如下图 6-11 所示，拍摄的竖幅照片中，银河与流星划过的效果都拍摄出来了，前景为一棵树，树下有一个人拿着强光手电筒，既给地景补了光，又方便相机来对焦。

图 6-10

图 6-11

如图 6-12 所示，竖幅的画面展现了天空的纵深感，星星繁多而璀璨，地景极具线条性，给人的感觉也很宽广。

如图 6-13 所示，为以树为前景的竖幅构图。

如图 6-14 所示，这张照片中的女孩就是整个画面的点睛之笔，竖幅构图使照片的视觉效果独具一格，太阳伞上面围了一圈 LED 灯，既为地景补光，也衬托出了女孩唯美的画感。

图 6-12   摄影师：陈默

光圈：F/1.8，曝光时间 15 秒，ISO：1000，焦距：35mm，12 张接片

图 6-13   摄影师：陈默

光圈：F/1.8，曝光时间 15 秒，ISO：1000，焦距：35mm，12 张接片

图 6-14　　　　　**天空部分** 光圈：F/1.5，曝光时间：10 秒，ISO：6400，焦距 35mm，单张曝光

　　　　　　　　地面部分 光圈：F/1.8，曝光时间 10 秒，ISO：2000，焦距：35mm，2 张拼接

066 三分线构图：让地景与天空更加协调

图 6-15　下三分线构图的星空照片（1）　　　　　　光圈：F/2.0，曝光时间：300秒，ISO：800，焦距：14mm

三分线构图，就是将画面从横向或纵向分为三部分。在拍摄时，将对象或焦点放在三分线的某一位置上进行构图取景，让对象更加突出，让画面更加美观。

如图 6-15 所示，将地平线放在画面下方三分之一处，远处的山脉和天空占了整个画面的三分之二，这样的构图可以使照片看起来更加舒适，完美拍下了天空中的银河，让画面极具美感。如果照片中地景留得太多，画面就不会有这么强的视觉冲击力。

这张照片还有一种拍摄手法，我们还可以把银河放在左侧三分线的位置进行拍摄。

如图 6-16 所示，也是一幅下三分线构图的星空作品，整个湖面占了画面三分之一的位置。这张照片还拍摄到了北极光，这是难得的景象，是笔者在冰岛草帽山拍摄的。

图 6-16　下三分线构图的星空照片（2）

光圈：F/2.0，曝光时间：8 秒，ISO：3200，焦距：14mm，曝光补偿：+0.7

如图 6-17 所示，是在内蒙古明安图拍摄的星空作品，银河处在画面的右侧三分线位置，笔者墨卿凭这张照片获得了 2018 年英国格林威治皇家天文台年度摄影大赛最佳新人奖。

和阅读一样，人们看照片时也是习惯从左往右看，视线经过运动最后会落于画面右侧。所以我们拍摄照片时，将银河主体置于画面右侧能有良好的视觉效果。

天空部分运用赤道仪拍摄，光圈：F/2，曝光时间：60 秒，ISO：1250，焦距：35mm，16 张照片拼接完成。

地景部分关闭赤道仪拍摄，光圈：F/2，曝光时间：120 秒，ISO：640，焦距：35mm，4 张照片拼接完成。

图 6-17　右三分线构图的星空照片

6.2 特殊形态的构图法，这样拍能出大片儿

　　除了上一节介绍的 4 种常见的星空构图技法，还有一些特殊形态的构图法，如曲线构图、斜线构图以及倒影构图等，这些构图技法也能拍出很漂亮的星空照片，下面我们来学习一下。

光圈：F/1.8，曝光时间：31 秒，ISO：1600，焦距：14mm，7 张照片拼接完成

光圈：F/2.8，曝光时间：20 秒，ISO：6400，焦距：24mm，24 张照片拼接完成

067 曲线构图：展现星空银河的曲线美感

　　曲线构图是指摄影师抓住拍摄对象的特殊形态特点，在拍摄时采用特殊的拍摄角度和手法，将物体以类似曲线的造型呈现在画面中。在银河的拍摄过程中，以 C 形的拍摄手法居多，C 形构图富有画面动感，是一种特别的曲线构图，因而有着天然的曲线美，如图 6-18 所示。

　　前面介绍的 2 幅星空作品，都是以银河的形态为曲线拍摄的，我们还可以选取地景为曲线或 C 形样式来进行构图取景。

图 6-18　C 形构图拍摄的银河照片　　　　　　　光圈：F/2，曝光时间：10 秒，ISO：3200，焦距：14mm，曝光补偿：+0.7

图 6-19 地景沿湖为 C 形曲线构图的星空照片　　光圈：F/2，曝光时间：10 秒，ISO：3200，焦距：14mm，曝光补偿：+0.7mm

　　如图 6-19 所示，地景沿湖呈 C 形曲线状，极具线条美感，天空中繁星点点，还有极光的衬托，场景极具震撼力。

如图 6-20 所示，上面这幅星空作品就是以桥梁弯道呈 C 形的曲线样式来拍摄的，极具 C
形的曲线美。大家需要留意，凡是遇到桥梁、转盘以及圆形对象时，都可以采用这种 C 形构
图来拍摄。

图 6-20　以桥梁弯道为 C 形曲线构图的星空照片　　　　　　光圈：F/1.4，曝光时间：15 秒，ISO：4000，焦距：24mm

068 斜线构图：不稳定的画面给人一种新意

在拍星空银河的时候，斜线构图也是用得比较多的一种构图方式。斜线构图的不稳定性使画面富有新意，给人以独特的视觉效果。

如图 6-21 所示，银河呈斜线状，给欣赏者带来了视觉上的不稳定感，使画面具有不规则的韵律，从而吸引欣赏者的目光，具有很强的视线导向性，将观众的目光沿着银河的方向落在右下角的山顶上。

图 6-21　斜线构图拍摄的银河照片　　　　摄影师：赵友
光圈：F/1.8，曝光时间：300 秒，ISO：800，焦距：14mm

光圈：F/1.8，曝光时间：20 秒，ISO：6400，焦距：14mm

069　倒影构图：拍出最美的天空之境效果

　　倒影构图可以利用水面倒影拍摄出天空之境的效果，一般在河边、江边、湖边、海边，我们都可以充分利用水中的倒影，拍出星星、银河最美的天空之境，这种拍摄方式属于对称式构图中的一种。在拍摄天空之境时，要重点表现出星空与水中倒影的关系，通过水面呈现出不一样的景色，适当地调整拍摄角度以及拍摄的高度，可以得到意想不到的画面效果。

　　如图 6-22 所示，这是在青海茶卡盐湖拍摄的天空之境的效果，地平线将画面一分为二，天空占一半，水面占一半，天空中的星星和银河全部映在水面上，下半部分水波粼粼的效果看上去就像一幅油画，两种不同的星空风景相结合很美。

图 6-22　在青海茶卡盐湖拍摄的天空之境的效果　　　　光圈：F/2.8，曝光时间：25 秒，ISO：3200，焦距：14mm

【实拍案例和综合处理篇】

•••• 7 •••• 相机拍星空：震撼的星空
照片要这样拍

【经过前面 6 章内容的学习，相信大家已经很好地掌握了拍摄星空照片的理论知识，接下来我们需要进入实战阶段，开始实战拍摄星空照片。因为拍摄知识学了以后要能灵活运用，才算是真的学会了。本章主要介绍实战拍摄的具体流程和方法，以及拍摄完成后的照片处理技巧，帮助大家快速从入门到精通。】

7.1 实战拍星空，每一个步骤都要看清楚

从本节开始，将以笔者的实战经验详细地向大家讲解拍摄星空照片的具体步骤和方法，大家一定要详细看清每一个步骤，跟着仔细操作、灵活运用，一定能拍摄出理想的星空大片。

070 选择合适的天气出行

在拍摄星空照片之前，我们在规划时间的时候，一定要用手机 APP 查看拍摄当天的天气情况，选择天气晴朗的时候出行。

比如，我想去云南泸沽湖拍摄星空照片，这个地点是星空摄影师必去的一个地方，此时我们可以先使用 Windy APP 查看当地的天气情况，如温度、雨量等信息，如图 7-1 所示。

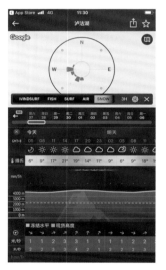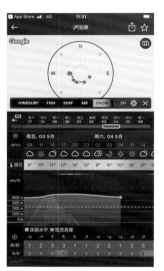

图 7-1 使用 Windy APP 查看出行当天的天气情况

根据上图搜索的信息来看，泸沽湖只有两个晚上的天气情况还可以，一个是 4 月 27 ～ 28 日晚，另一个是 5 月 4 ～ 5 日晚，只有这两天天气晴朗，降水概率低，风力也不大，正适合拍摄星空照片，其他几天都是下雨的天气。

这样，我们就挑好了出行拍摄的时间，通过 APP 中的气温提示，我们可以知道要带多少衣物，拍摄时一定要防寒保暖。接下来，我们还可以通过"晴天钟"APP 查看未来 72 小时内的精准天气情况，可以帮助我们更好地选择拍摄时间。

挑选好出行的时间后，接下来我们就可以准备衣物、规划路线、准备拍摄器材，以及选择什么样的交通方式出行等。要注意，天气是瞬息万变的，所以各位一定不要全信软件所给出的天气预报，有时候 APP 上显示当地是晴天，但到了之后出现多云的天气也是非常常见的事情。所以，越是临近的日期，天气预报才越准确。

071 避开城市光源的污染

不管我们在哪里拍摄星空照片，一定要避开光源的污染，笔者在前面的章节中也说过，拍摄星空照片需要长时间的曝光，如果有光源污染的话，拍摄出来的片子基本就废了，所以我们要寻找没有光源的地方进行拍摄。

以云南泸沽湖为例，笔者曾多次来到这个地方拍摄星空照片。由于泸沽湖美名远扬，现在来这里旅游的游客多起来了，酒店客栈也多了，所以我们一定要选择光源少的地方。

据笔者经验来说，推荐以下几个地方：

（1）可以选择住在里格，里格有一个观景台，可以来拍摄星空照片。

（2）可以去女神湾的祭神台，这也是一个拍摄星空不错的地点。

（3）小鱼坝观景台、川滇分界观景台、小洛水村附近湖湾都是不错的选择，尽量选择人少的、地势要高点的位置。

（4）如果精力比较好，还可以徒步或者包车去永宁方向的垭口下去的村子，叫竹地村，那里的光源污染也是比较少的。

072 寻找星系银河的位置

当我们挑选好拍摄位置后，接下来打开手机 APP，寻找星系银河的位置。通过前面章节的学习，我们应该已经知道要使用"星空地图"APP 来寻找北极星或其他星座的位置了。如图 7-2所示，是使用"星空地图"APP 寻找到的北极星与天狼星的方位。找到北极星的位置可以方便我们拍摄星轨，也方便我们完成赤道仪上极轴的校对。

图 7-2　寻找到的北极星与天狼星的方位

2 月份的时候，在泸沽湖就能看见夏季银河闪亮的银心了，如果想拍到璀璨的夏季银河，大家可以选择在 2 月～ 10 月这个时间段。而 10 月之后进入冬季，值得拍摄的有猎户座的巴纳德环，当然前提要你手上有一台天文改机，它才能很好地被拍摄出来。接下来，我们使用 Planit APP 查看银河的方位，在"星历功能"列表框中，点击"银河搜索"按钮，搜索到泸沽湖的位置，即可查看银河的方位角、仰角、焦距等信息，如图 7-3 所示。

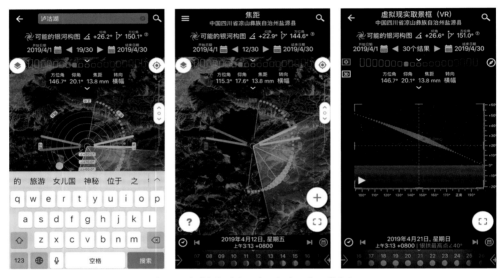

图 7-3　查看银河的方位角、仰角、焦距等信息

073　准备好拍摄器材设备

当我们确定好拍摄位置，并掌握了星座、银河的方位后，接下来需要准备好拍摄器材和设备。

必带设备包括：相机、镜头、三脚架、除雾带、内存卡，相机电池需要多备几块，因为夜间寒冷，电池在寒冷的环境下放电会比较快。

可选设备包括：赤道仪、指星笔、全景云台、无线快门线、柔焦镜、头灯、氛围灯等。

074　设置相机的各项参数

准备好拍摄器材之后，我们要开始设置相机的各项参数了，如 ISO（感光度）、快门、光圈等。单反相机这 3 大参数的设置，主要有两种方法：

第 1 种方法：菜单法。在相机的菜单中，一般都是可以设置感光度等参数的，不懂操作的话可以看相机的使用说明书。

第 2 种方法：按钮法。一般在相机的右上角，有感光度、快门、光圈等相应的设置按钮，不同的相机设置会稍有差异，请看说明书操作即可。

下面以尼康 D850 相机为例，向大家分别介绍设置 ISO（感光度）、快门、光圈的方法。

1．设置 ISO（感光度）参数

设置感光度参数时，建议从 3200 开始试起，每个参数都可以试一下。下面介绍在尼康 D850 相机的菜单列表中，设置 ISO（感光度）参数的具体方法。

Step01 按下相机左上角的 MENU（菜单）按钮，如图 7-4 所示。

Step02 进入"照片拍摄菜单"界面，通过上下方向键选择"ISO 感光度设定"选项，如图 7-5 所示。

图 7-4　按下 MENU（菜单）按钮

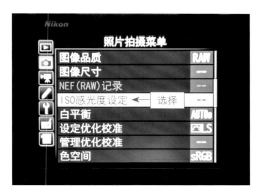

图 7-5　选择"ISO 感光度设定"选项

Step03 按下 OK 键，进入"ISO 感光度设定"界面，选择"ISO 感光度"选项并确认，如图 7-6 所示。

Step04 弹出"ISO 感光度"列表框，其中可供选择的感光度数值包括 800、1000、1250、1600、2000、2500、3200，如图 7-7 所示。

图 7-6　选择"ISO 感光度"选项

图 7-7　可供选择的感光度数值（1）

Step05 通过下方向键，翻至下一页，可以设置更高的感光度参数值，如图 7-8 所示。

Step06 这里选择 3200 的 ISO 感光度并确认，返回上一界面，显示了设置好的 ISO 感光度参数，如图 7-9 所示。

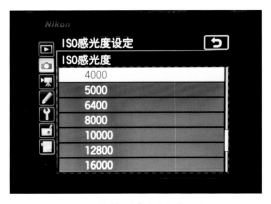

图 7-8　可供选择的感光度数值（2）

图 7-9　选择 3200 的 ISO 感光度并确认

2．设置快门参数

快门的设置，有个 300、400、500 的原则，我们以 300 的数值除以镜头的焦段，比如说笔者镜头的焦段为 24-70mm，那快门的时间就是 300 除以 24 等于 12.5 秒，大家可以将 ISO 和快门参数配合选择，我们就先从这两个参数开始试拍，即 ISO 为 3200，曝光时间为 12 秒左右，拍一张照片看看是曝光不足还是曝光过度。

（1）如果是曝光不足，我们就将曝光的时间 12 秒增加到 13、14、15 秒不等。

（2）如果是曝光过度，我们就将曝光的时间 12 秒减少到 11、10、9 秒不等。

当然，你也可调整感光度，通过提高感光度参数来增加曝光、减少感光度参数来降低曝光。下面以尼康 D850 相机为例，介绍设置快门参数的方法，具体操作步骤如下。

Step01 按下相机右侧的 info（参数设置）按钮，如图 7-10 所示。

Step02 进入相机参数设置界面，如图 7-11 所示。

图 7-10　按下 info（参数设置）按钮

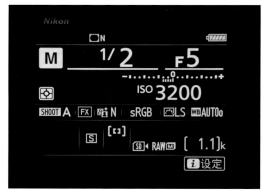

图 7-11　进入相机参数设置界面

Step03 拨动相机前置的"主指令拨盘"，如图 7-12 所示。

Step04 此时可以调整快门的参数，我们将快门参数调整到 30 秒，如图 7-13 所示，即可完成快门参数的设置。

图 7-12 拨动相机前置拨盘

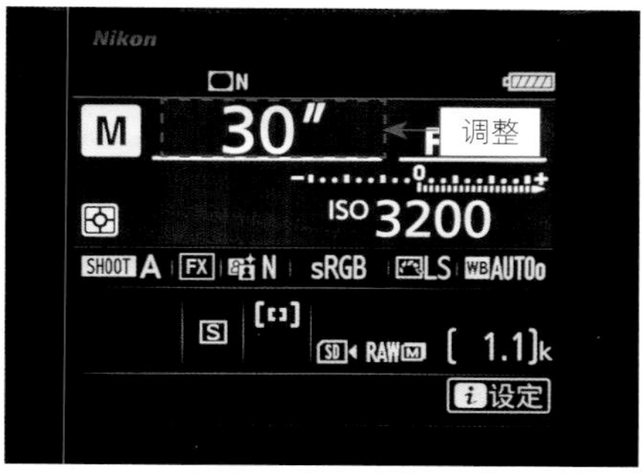

图 7-13 将快门参数调整到 30 秒

3. 设置光圈参数

拍摄星空照片时，默认用最大的光圈值，即 F2.8 的光圈值。按下相机右侧的 info（参数设置）按钮，进入相机参数设置界面，拨动相机后置的"副指令拨盘"，将光圈参数调至 F2.8，如图 7-14 所示，即可完成光圈参数的设置。

ISO、快门和光圈这 3 大参数要结合起来设置，而且每更换一个参数，都要测光实拍，这样才能根据环境光线找到最适合的曝光参数组合。

图 7-14 将光圈参数调至 F2.8

075 选择恰当的前景对象

拍摄星空照片时，一定要选择适当的前景对象作为衬托，如果单纯拍天空中的星星，画面感与吸引力都是不够的，一定要地景和前景对象的衬托，才能体现出整个画面的意境。关于前景构图的方式，前面章节都有介绍过，这里不再重复讲解。

挑选前景对象时，也要注意拍摄位置与角度的选择，以及摄影者需要注意的事项。笔者给出以下 3 条实用经验：

（1）选择好要拍摄的星星的方位，一般选星星多的区域或者某颗最亮的星星。

（2）找好拍摄的位置，前后不要有人，避免人群拥挤影响到三脚架的稳定性。

（3）架好三脚架，注意要固定好，不要晃动，否则拍出来的星星会很模糊。

076 对星空进行准确对焦

在手动对焦（MF）模式下，将对焦环调到无穷远（∞）的状态，然后往回拧一点；在相机上按 LV 键，切换为屏幕取景；然后找到天空中最亮的一颗星星，框选放到最大；然后扭动对焦环，让星星变成星点且无紫边的情况下，即可对焦成功，如图 7-15 所示。

我们在对焦的过程中，可能需要多次尝试不同的对焦方式，并进行多次试拍并查看拍摄的效果，以保证拍摄出来的星星是清晰的，这样才不至于后面白费功夫。

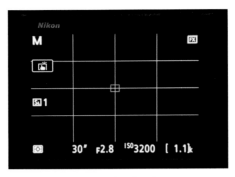

图 7-15　屏幕取景对焦星点

077 拍摄星空照片并查看

当我们对焦成功后，接下来按相机上的"快门"键，即可拍摄星空照片，如果我们使用的是单反相机，则可以开启反光板预升模式来最大限度地减少机震。如果快门时间设置的 30 秒，那么我们需要等待相机曝光 30 秒之后，才能看到拍摄到的星空照片效果；如果快门时间设置的是 1 分钟，则需要 1 分钟之后才能查看拍摄的效果，如图 7-16 所示。

图 7-16　实拍的星空照片效果

7.2　后期处理，3 招调出星空的梦幻色彩

当我们拍摄好星空照片后，接下来要对星空照片进行简单的处理，首先需要将照片从相机中复制到电脑的文件夹中。下面主要介绍简单处理星空照片的速成法，希望大家熟练掌握本节的基本处理内容。

078 让稀少的星星变得更加明显

使用相机拍摄出来的星空照片有一点偏暗，而且星星也不太明显，此时我们首先需要增加照片的曝光，让稀少的星星变得更加明显一些。下面介绍调整星星亮度效果的步骤。

Step01 启动 Photoshop CC 后期处理软件，打开上一节拍摄的星空照片，如图 7-17 所示。

图 7-17　打开上一节拍摄的星空照片

Step02 在菜单栏中，单击"图像"|"调整"|"亮度／对比度"命令，如图 7-18 所示。

Step03 弹出"亮度／对比度"对话框，在其中设置"亮度"为 63，如图 7-19 所示。

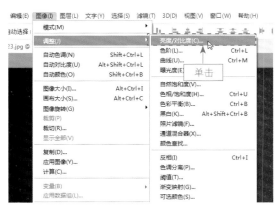

图 7-18　单击"亮度／对比度"命令

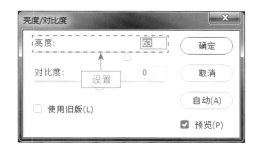

图 7-19　设置"亮度"参数值为 63

Step04 设置完成后，单击"确定"按钮，即可调整照片的曝光效果，让稀少的星星变得更加明显，效果如图 7-20 所示。

图 7-20　调整照片的曝光效果

079 调整照片的色温效果与意境

有些摄影师喜欢暖色调的风格，而有些摄影师喜欢冷色调的风格。我们可以在 Photoshop 中通过调整照片的色温来改变照片的意境，使处理的星空照片更加具有吸引力。

Step01 在上一例的基础上，打开"滤镜"菜单，单击"Camera Raw 滤镜"命令，如图 7-21 所示。

图 7-21　单击"Camera Raw 滤镜"命令

Step02 打开 Camera Raw 窗口，在界面的右侧，设置"色温"参数为 -28、"色调"参数为 18，如图 7-22 所示。

Step03 设置完成后，单击"确定"按钮，即可调整照片的色温与色调，改变照片的色彩风格，效果如图 7-23 所示。

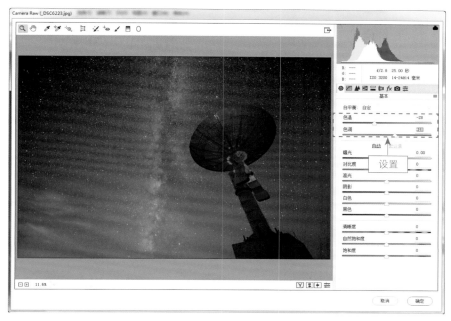

图 7-22 调整照片的色温与色调

图 7-23 调整照片的色温与色调之后的效果

080 调整照片的对比度与清晰度

有时候拍摄出来的画面有些模糊，不够清晰，色彩对比也不够强烈，此时可以调整照片的清晰度与对比度，使整个画面更加清透、自然。下面介绍调整照片对比度与清晰度的方法。

Step01 在上一例的基础上，打开 Camera Raw 窗口，❶在界面的右侧设置对比度参数为 47；❷设置清晰度参数为 46，如图 7-24 所示。

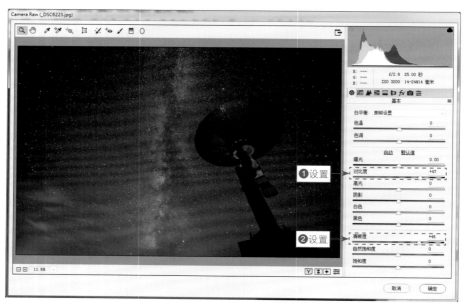

图 7-24　调整对比度与清晰度参数

Step02 执行操作后，照片更加清晰了，星星颗粒也更明显，效果如图 7-25 所示。

图 7-25　调整照片清晰度后的效果

注意：清晰度设置过高会使得照片显得非常生硬，且会增加部分噪点，所以在处理的时候一定要把握好分寸，进行每一步调整的时候对比回看是比较好的做法。

8 相机拍星轨：掌握方法让你拍出最美轨迹

【使用单反相机拍摄星轨照片，主要有两种方式，一种是直接长时间曝光来拍摄星轨，另一种是间隔拍摄多张照片再后期堆栈合成星轨，大家可以都尝试一下，看自己比较喜欢哪一种方式来拍摄星轨照片。另外，在本章的第 2 节还简单介绍星轨照片的后期处理技巧，如提高照片亮度、调整照片色彩等，可以使星轨照片的画面更加震撼，更能吸引观众的眼球。】

8.1 实战拍星轨，这两种方法都很实用

如果采用长时间的曝光方式来拍摄星轨的话，拍摄一张星轨的片子曝光时间往往就需要 1 个小时以上。但是，一般的相机本身是没法曝光这么长时间的，我们需要借助快门遥控器来控制，有快门遥控器就可以直接设置曝光的时间了，笔者使用的快门遥控器是 TW-283。这种拍法的优点，就是可以一张片子得到星轨，不需要再进行后期堆栈与合成操作；但缺点也非常明显，中途万一画面中出现了人或者亮光的影响，那么照片就白拍了。

采用间隔拍摄的方法是非常保险的，拍摄多张星轨照片，再后期堆栈合成星轨，如果其中一张片子不行影响也不大。本节主要对这两种拍摄星轨照片的方法进行详细介绍。

081 拍摄星轨的器材准备

拍摄星轨之前，我们需要准备好以下器材：

（1）相机：准备好一款适合拍摄星轨照片的相机。

（2）三脚架：准备一个稳定的三脚架，因为要进行长时间曝光。

（3）电池：充满电的电池，至少要准备两块以上。

（4）手电筒：用来给地景补光，也能照亮漆黑的夜路。

（5）内存卡：准备一张大的内存卡，推荐 64G 以上。

（6）快门遥控器：用来长时间曝光拍摄星轨时使用。

082 选定最佳的拍摄地点

拍摄星轨照片，一定要选好位置，最好是地面平坦的、无坑的地方，而且要选好前景，如果只是单纯拍摄星空中的星轨，没有前景的衬托，那这张照片是不够具有吸引力的。所以，挑选拍摄地点，安全性与前景的美观性同样重要。至于挑选的方法，上一章已经进行了详细介绍，这里不再重复说明。

083 快速寻找北极星位置

拍摄星轨与星星照片不同，如果只是拍摄星星的话，挑选天空中最亮的星星，或者选择星星数量最多的区域进行拍摄即可，用"星空地图"APP 可以查看天空中星星的名称。如果是拍摄星轨的话，我们一定要找到北极星的位置，将北极星放在画面的中心位置，然后再开始拍摄星轨。由于地球的自转而产生与星星之间的相对位移，根据星星所出现的位置不同而轨迹长度会有不同，北极星位于北极轴附近，所以基本上不会与地球发生相对位移，长时间曝光后得出来的效果，就好像是其他星星围绕着北极星做同心圆运动一般，这样拍摄出来的画面更具观赏性。

如图 8-1 所示，是使用星空地图 APP 寻找到的北极星位置；如图 8-2 所示，是使用 StarWalk 2 APP 寻找到的北极星位置。

图 8-1 星空地图 APP 寻找到的北极星位置

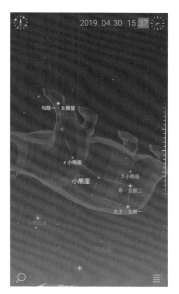

图 8-2 StarWalk 2 APP 寻找到的北极星位置

084 设置拍单张星轨照片的相机参数

首先设置单张星轨照片的拍摄参数，将 ISO 设置为 3200，如图 8-3 所示；光圈大小设置为 F2.8，快门参数设置为 30 秒，如图 8-4 所示。这是其中一张照片的曝光参数，拍摄星轨需要多张照片合成，才能制作出星轨的效果（具体参数设置方法可参照第 7 章的 074 例）。

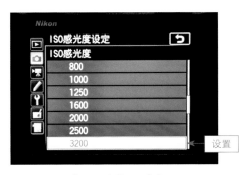

图 8-3 设置 ISO 参数

图 8-4 设置光圈与快门参数

085 设置相机间隔拍摄的方法

我们可以采取手动按快门的方式来拍摄多张星轨照片，但拍摄星轨至少也有上百张照片，这样按上百次快门键会很麻烦，所以建议大家使用相机中的间隔拍摄功能，自动拍摄上百张星轨照片。下面以尼康 D850 相机为例，介绍设置相机间隔拍摄的方法。

Step01 按下相机左上角的 MENU（菜单）按钮，进入"照片拍摄菜单"界面，通过上下方向键选择"间隔拍摄"选项，如图 8-5 所示。

Step02 按下 OK 键，进入"间隔拍摄"界面，选择"间隔时间"选项，如图 8-6 所示。

图 8-5 选择"间隔拍摄"选项

图 8-6 选择"间隔时间"选项

Step03 按 OK 键确认，进入"间隔时间"界面，在其中设置"间隔时间"为 2 秒 / 张，如图 8-7 所示。

Step04 按 OK 键确认，返回"间隔拍摄"菜单，选择"间隔 × 拍摄张数 × 间隔"选项，如图 8-8 所示。

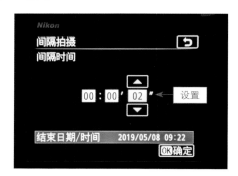

图 8-7 设置"间隔时间"为 2 秒 / 张

图 8-8 选择"间隔 × 拍摄张数 × 间隔"选项

☆专家提醒☆

有些相机有"间隔拍摄"功能，而有些相机没有这个功能，我们需要在相机的 MENU 菜单设置界面中，查看一下自己的相机是否有这个功能，如果没有这个功能的话，就需要购买快门线来设置间隔拍摄的参数。

Step05 按 OK 键确认，进入相应界面，通过上下方向键设置照片的拍摄张数为 300 张，如图 8-9 所示。

Step06 按 OK 键确认，返回"间隔拍摄"菜单，各选项设置完成后，选择"开始"选项，如图 8-10 所示，按 OK 键确认，即可开始以间隔拍摄的方式拍摄 300 张星空照片。

图 8-9 设置照片拍摄张数

图 8-10 选择"开始"选项

如图 8-11 所示，就是以间隔拍摄的方式，拍摄 300 张星空照片后合成的星轨效果，具体的照片合成方法请参考第 13 章的详细步骤与流程。

图 8-11 以间隔拍摄的方式合成照片后的星轨效果

086 直接长曝光拍摄星轨的方法

我们不仅可以通过拍摄多张照片叠加成星轨的效果，还可以直接采用长曝光的方式来拍摄星轨照片，这里需要使用到快门遥控器，笔者使用的是 TW-283 的快门遥控器，就以这一款快门遥控器为例进行讲解。

首先，在相机参数设置界面中，❶将快门设置为 Bulb，B 门曝光，如图 8-12 所示，然后将快门遥控器与相机进行正确连接；❷在遥控器上选择"LONG（定时计划曝光时间）"选项，然后将曝光时间设置为 40 分钟；❸设置完成后，按下"开始"键，如图 8-13 所示，即可开始拍摄 40 分钟的长曝光星轨照片。

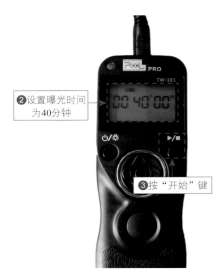

❷设置曝光时间为40分钟

❸按"开始"键

图 8-12　将快门设置为 Bulb

图 8-13　设置定时计划曝光时间

如图 8-14 所示，就是笔者在太原地质博物馆前拍摄的 40 分钟的长曝光星轨照片。

图 8-14　在太原地质博物馆前拍摄的 40 分钟的长曝光星轨照片

8.2　后期处理，两招提亮星轨照片色彩

　　上一节向大家详细介绍了使用相机拍摄星轨照片的两种方法，一种是间隔拍摄，一种是长时间曝光拍摄。当掌握了这些拍摄方法并拍摄出了理想的星轨照片后，接下来需要对星轨照片进行后期处理，使照片的色感与色调更加具有吸引力。

087　提高画面的亮度让照片更鲜明

　　以 085 拍摄的星轨照片为例，下面介绍如何提高画面的亮度让照片更鲜明。

Step 01 将星轨照片导入 Photoshop 工作界面中，如图 8-15 所示。

图 8-15　导入 Photoshop 工作界面中

Step 02 在菜单栏中，单击"图像"|"调整"|"曲线"命令，如图 8-16 所示。

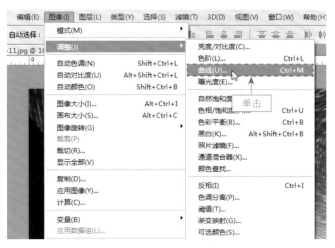

图 8-16　单击"曲线"命令

Step 03 弹出"曲线"对话框，添加关键帧，设置输入与输出参数来提高照片的亮度，如图 8-17 所示，这个输入与输出的参数值大家可以根据照片的亮度情况进行设置。

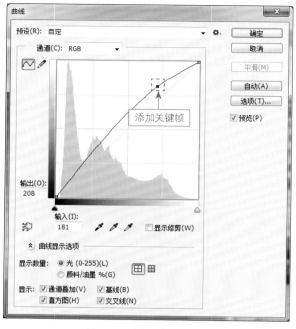

图 8-17　通过曲线调整亮度

Step 04 设置完成后，单击"确定"按钮，即可提高照片的亮度，这样照片的质感也出来了，效果如图 8-18 所示。

图 8-18　提高照片的亮度与质感

088 调整照片色彩与色调魅力光影

调整星轨照片的饱和度，可以使照片的色彩更加强烈，使画面的冲击力更强。下面介绍调整照片色彩与色调的操作方法。

Step01 单击"图像"|"调整"|"自然饱和度"命令，如图 8-19 所示。

Step02 弹出"自然饱和度"对话框，❶在其中设置"饱和度"为 97；❷单击"确定"按钮，如图 8-20 所示。

图 8-19 单击"自然饱和度"命令

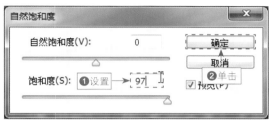

图 8-20 设置"饱和度"为 97

Step03 执行操作后，即可增强画面的饱和度，使照片色彩更加浓郁，如图 8-21 所示。

Step04 在"调整"面板中，单击"色彩平衡"按钮 ，新建"色彩平衡 1"调整图层，❶在"属性"面板中，设置"色调"为"中间调"；❷在下方设置"青色"为 -17、"洋红"为 -22、"蓝色"为 3，如图 8-22 所示。

图 8-21 增强画面的饱和度

图 8-22 设置各参数值

Step05 设置完成后，即可调整画面的色彩平衡，使星轨照片整体的色调偏蓝色。蓝色属于一种冷色调，对于夜空来说这种颜色更能吸引人，效果如图 8-23 所示。

图 8-23　调整画面的色彩平衡

9 手机拍星空：快速拍出绚丽的星空夜景照片

【我们不仅可以使用单反相机拍出美丽的星空照片，还可以使用我们随身携带的手机，拍摄出精彩的星空大片。现在，很多手机相机都有专业模式，可以手动调整拍摄参数，如 ISO、快门以及光圈等，只要能手动设置拍摄参数，即可拍出美丽的星空效果。】

9.1 手机拍星空，如何设置参数和对焦

手机拍摄星空的方法与单反相机类似，只是参数设置界面不同，一个是在相机中设置拍摄参数，一个是在手机中设置拍摄参数。本节主要介绍手机拍摄星空照片的流程与方法。

089 使用三脚架

手机拍摄星空也需要长时间的曝光，当然也需要三脚架来稳定画面，手机所使用的三角架比相机的三脚架要轻，毕竟手机也没有相机那么重，在三脚架的顶端会有一个专门用来夹住手机的支架，将手机架起。前面我们介绍的三脚架都是用来稳定相机的，都是一些适合相机的三脚架，下面我们来看看手机三脚架的样式，如图9-1所示。

图 9-1 手机三脚架

☆专家提醒☆

三脚架主要起到一个稳定手机的作用，所以脚架需要结实。但是，由于其经常需要携带，所以又需要满足轻便快捷、随身携带的特点。

090 设置 ISO 参数

手机拍摄星空照片之前，我们需要将ISO的参数设置为3200或更高（ISO数值越高，画面越亮，噪点也越多）。下面介绍华为P30手机中相机ISO参数值的设置方法。

Step 01 在手机桌面点击"相机"图标，进入拍摄界面，如图9-2所示。

Step 02 相机默认情况下，是"拍照"模式，这是一种普通的拍摄模式。从右向左滑动功能条，选择"专业"选项，如图9-3所示。

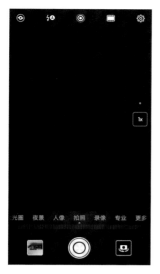

图 9-2　进入"相机"拍摄界面

图 9-3　选择"专业"选项

Step03 点击 ISO 选项，弹出 ISO 参数设置条，最左边的 AUTO 是自动模式，往右是从小到大参数依次排列，如图 9-4 所示。

Step04 向左滑动参数条，选择最右侧的"3200"选项，这是手机相机最大的 ISO 参数值了，如图 9-5 所示，执行操作后，即可完成 ISO 参数的设置。

图 9-4　弹出 ISO 参数设置条

图 9-5　选择"3200"选项

091 设置快门速度

　　快门的设置方法，也是在"专业"模式中，点击代表快门的 S 选项，弹出快门参数设置条，最左边的 AUTO 是自动模式，然后从小到大参数依次排列，如图 9-6 所示。向左滑动参数条，选择最右侧的"30"选项，这是手机相机曝光时间最长的快门参数值了，如图 9-7 所示。执行操作后，即可完成快门参数的设置。

图 9-6　弹出快门参数设置条　　　　　　图 9-7　选择最右侧的"30"选项

092 设置对焦模式

使用手机拍摄星空照片，一定要将手机的"对焦模式"设置为"无穷远"。也是在相机的"专业"模式中，点击"AF"选项，在弹出的参数设置条中选择最右侧的"MF"选项即可，MF 是指无穷远，如图 9-8 所示。

图 9-8　设置手机的对焦模式

☆专家提醒☆

　　由于手机的摄像头是恒定的光圈大小，所以我们无法调节光圈的参数值，只能使用手机默认的光圈值来拍摄星空照片。

O93 多次尝试拍摄星空

　　当我们在手机中设置好拍摄参数后，接下来需要多次尝试拍摄星空照片，按下"拍摄"键，即可拍摄星空照片。在拍摄时，因为选择的角度不一样、构图不一样、光线不一样，拍摄出来的最终效果也会不一样，我们需要在不断的摸索和拍摄中，找到最好的构图、光线与角度，拍摄出理想的星空大片。如图 9-9 所示，为笔者用手机拍摄的星空效果。

图 9-9　手机拍摄的星空效果

9.2　用 APP 处理星空照片，快速又方便

　　在之前的章节中，笔者都是以电脑端 Photoshop 软件来介绍照片的后期处理技巧，而本节讲的是手机拍摄星空的流程和方法，接下来讲解如何使用手机中的 APP 处理星空照片，得到我们想要的炫丽星空效果。

O94 安装 Snapseed 软件

　　Snapseed 是一款优秀的手机照片处理软件，可以帮助大家轻松美化、编辑和分享星空照片。通过 Snapseed APP，只需指尖轻触相应滤镜，即可轻松愉快地对星空照片加以美化。使用 Snapseed APP 之前，首先需要安装该 APP，下面介绍安装 Snapseed APP 的方法。

　　Step01 ❶打开应用商店，搜索 Snapseed；❷选择第一个 APP 名称，如图 9-10 所示。

Step 02 进入 APP 详细介绍界面，点击下方的"安装"按钮，如图 9-11 所示。

图 9-10　搜索 Snapseed 应用　　　　　图 9-11　点击"安装"按钮

Step 03 开始安装 Snapseed APP，并显示安装进度，如图 9-12 所示。

Step 04 待 APP 安装完成后，下方显示"打开"按钮，点击该按钮，如图 9-13 所示，即可打开 Snapseed APP，完成 Snapseed APP 的安装操作。

图 9-12　显示安装进度　　　　　图 9-13　点击"打开"按钮

095 使用滤镜模板处理星空照片

滤镜在星空照片中的使用可以调整明与暗的对比，只要应用得恰到好处，人人都能创造出令人震撼的星空夜景效果。在后期处理中，可以通过不同的滤镜调整，使光影不足的星空照片变得更加完美。下面介绍使用滤镜模板处理星空照片的具体操作方法。

Step01 安装好 APP 后，进入 Snapseed 界面，点击⊕按钮，如图 9-14 所示。

Step02 在 Snapseed 中打开一张照片，如图 9-15 所示。

图 9-14　点击⊕按钮

图 9-15　打开一张照片

Step03 从下方"样式"列表中，选择"Morning"样式，照片的亮度和色彩都被加强了，使画面更加清晰、主体更加突出，如图 9-16 所示。

Step04 点击右下角的"对钩"按钮✓，确认操作，效果如图 9-17 所示。

图 9-16　Morning

图 9-17　应用滤镜后的效果

096　调整星空照片的亮度与色彩

使用 Snapseed APP 可以很方便地调整星空照片的亮度与色彩，以提升照片的质感，下面介绍具体的调整方法与技巧。

Step 01 在上一例的基础上，点击"工具"按钮，打开工具菜单，选择"曲线"工具 ✏️，如图 9-18 所示。

Step 02 执行操作后，进入"曲线"界面，如图 9-19 所示。

图 9-18 选择"曲线"工具

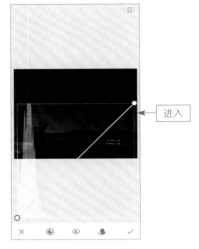

图 9-19 进入"曲线"界面

Step 03 ❶在曲线上添加一个关键帧，调整曲线参数；❷点击"确认"按钮 ✓，如图 9-20 所示。

Step 04 执行操作后，即可返回到主界面，查看调整星空照片后的效果，如图 9-21 所示。

图 9-20 调整曲线参数

图 9-21 查看调整后的效果

Step 05 打开工具菜单，选择"调整图片"工具 ≢，❶在其中设置"亮度"为 31、"对比度"为 28、"饱和度"为 22；❷点击"确认"按钮 ✓，如图 9-22 所示。

Step 06 返回到主界面，打开工具菜单，选择"白平衡"工具 🎚️，❶在其中设置"色温"为 -45、"着色"为 16；❷点击"确认"按钮 ✓，如图 9-23 所示，调整照片为冷色调。

图 9-22　调整"饱和度"参数　　　　　图 9-23　调整"着色"参数，查看照片效果

097 调整星空照片的色调与质感

在 Snapseed APP 中，提供了多种滤镜功能来调整照片的色调与质感，使拍摄的星空照片更具有视觉冲击力。下面介绍调整星空照片色调与质感的方法。

Step01 ❶点击"工具"按钮，打开工具菜单；❷选择"复古"工具 ♤，如图 9-24 所示。

Step02 进入复古界面，显示"3"样式，预览照片的风格，如图 9-25 所示。

Step03 向左滑动屏幕，选择"9"样式，加深蓝色调风格，如图 9-26 所示。

图 9-24　选择"复古"工具　　　图 9-25　显示"3"样式　　　图 9-26　选择"9"样式

Step04 点击"确认"按钮 ✓，返回到主界面，查看调整后的星空照片效果，点击界面右下角的"导出"按钮，如图 9-27 所示。

Step 05 执行操作后，弹出列表框，选择"保存"选项，如图 9-28 所示。

图 9-27　点击"导出"按钮　　　　　　图 9-28　选择"保存"选项

Step 06 执行操作后，即可预览保存的星空照片效果，如图 9-29 所示。

图 9-29　预览保存的星空照片效果

10 手机拍星轨: 轻松拍出 天空的艺术曲线美

【夜空中,星星与地球由于相对位移产生的轨迹是非常漂亮和绚丽的,具有一定的艺术曲线美。现在手机的拍照功能越来越强大了,比如华为手机的拍摄画质就堪比某些单反相机的效果。本章主要向大家介绍使用手机拍摄星轨的具体流程与操作方法。】

10.1 这两款手机，最适合拍摄星轨大片

其实，我们每天拿在手里的手机，就能拍出优秀的星轨大片。很多读者都不太熟悉自己的手机，也不知道原来手机中的相机功能这么强大，本节主要向大家简单介绍最适合拍摄星轨大片的两款手机。

098 华为 P30 手机

华为 P30 手机的拍摄功能十分强大，在"流光快门"模式下，有一个"绚丽星轨"的拍摄功能，如图 10-1 所示。使用该功能即可轻松拍摄出星轨大片，拍摄完成的星轨照片就是一张已经处理过的成品照片，完成后即是已经合成之后的星轨效果图。

图 10-1 华为 P30 手机的"绚丽星轨"拍摄功能

099 努比亚 X 手机

努比亚手机是最早开发星轨拍照功能的手机，手机相机中内置的星轨模式能拍摄出漂亮、大气的星轨效果，既简单又好用，如图 10-2 所示。

图 10-2 努比亚 X 手机中的"星轨"模式

努比亚手机拍摄星轨照片之后，手机中会生成两个文件夹，一个是拍摄到的每一张星空照片，另一个是不断拍摄过程中生成的星轨过程图。等拍摄完成后，还会生成一段星轨的延时视频，记录了整个星轨的动态拍摄过程，使用起来十分方便。

10.2　拍摄星轨照片，这 3 点一定要注意

上一节介绍的两款手机都自带了拍摄星轨的功能，操作起来很方便，比相机简单多了。下面以华为 P30 手机为例，介绍拍摄星轨的具体方法。

⌐⌐⌐ 打开"绚丽星轨"功能

华为 P30 手机中的"绚丽星轨"功能是专门用来拍摄星轨照片的，首先打开"相机"APP 程序，❶进入"更多"功能界面；❷点击"流光快门"按钮，如图 10-3 所示，进入"流光快门"功能界面；❸点击右下角的"绚丽星轨"图标，如图 10-4 所示。执行操作后，即可打开手机中的"绚丽星轨"功能。

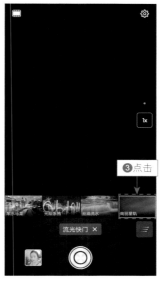

图 10-3　点击"流光快门"按钮　　　　图 10-4　点击"绚丽星轨"图标

⌐⌐⌐ 拍摄星轨，控制好时间

拍摄星轨的时间可以根据画面的拍摄效果来定，有 30 分钟、40 分钟或者 60 分钟的，使用手机中的星轨功能进行拍摄，最大的方便之处就是不用设定拍摄参数，不用设定拍摄时长，只需要直接打开功能进行拍摄。

在拍摄星轨照片时，如果觉得拍摄的效果差不多了，我们就可以结束拍摄；如果觉得星轨的路径还不够长、不够亮，那么我们可以根据需要继续拍摄，这个时间都可以由自己来自由控制，十分方便。

如图 10-5 所示，是笔者使用手机拍摄了 1 个小时左右的星轨效果，可以很明显地看到星轨的运动路径和亮光。

图 10-5　手机拍摄了 1 个小时左右的星轨效果

如图 10-6 所示，是笔者使用手机拍摄了 2 个小时 30 分左右的星轨效果，星线更长了，经过长时间的曝光，星轨也更亮了些。如果点击"结束拍摄"按钮■，即可结束星轨的拍摄，拍摄好的星轨照片会显示在"图库"文件夹中。

图 10-6　手机拍摄了 2 个小时 30 分左右的星轨效果

102　不要有光源污染，否则废片

因为拍摄星轨需要长时间的曝光，一般都是 30 分钟以上到 2 个小时左右，所以画面中的光线会不断地叠加，如果四周有光源污染的话，画面就会曝光严重，那这张片子基本就废了，特别是拍摄过程中突然有一辆开着大灯的汽车经过，那拍摄的照片基本就不能用了。

所以，我们在选择拍摄位置的时候，一定不要选择马路旁边，即使在山区，马路上也经常会有汽车经过。我们要选择没有光源污染、人烟稀少的地方，当然首先环境要安全。

■■■ 11 ■■■ 延时摄影：拍摄银河移动的魅力景象

【延时摄影也叫缩时摄影，具有一种快进式的播放效果，能够将时间大量压缩，将几个小时、几天、几个月甚至是几年中拍摄的视频，通过串联或者是抽掉帧数的方式，将其压缩到很短的时间里播放，从而呈现出一种视觉上的震撼感。我们拍摄星空中的银河，或者星空夜转日的效果，也可以通过延时摄影的方式来展示银河和星星移动的魅力景象。】

11.1　拍摄延时星空视频，参数怎么调

拍摄延时星空视频，主要有两个重要的步骤。一是调整好延时的拍摄参数，因为延时星空视频也是通过后期堆栈合成的；二是设置间隔拍摄的张数，因为需要拍摄上百张星空照片，采用间隔拍摄的方式可以节省很多人为操作的辛苦。本节主要介绍拍摄延时星空的方法。

103　调整好延时的拍摄参数

如果说拍摄星轨。是拍摄星空的升级版，那拍摄星空和银河的延时视频，就是拍摄星轨的升级版。因为星轨是对多张星空照片的堆栈叠加，而延时视频是将多张星空照片叠加成动态的视频。ISO、快门与光圈参数值的设置，与之前拍摄星空、星轨是一样的，大家可根据前面讲解过的方法，设置好 3 大拍摄参数。

在这里，我们将"快门"设置为 10 秒、"光圈"设置为 F2.8，如图 11-1 所示；"ISO 感光度"设置为 3200，如图 11-2 所示。参数设置完成后，请大家对好焦，保持参数不变。

图 11-1　设置快门和光圈参数

图 11-2　设置 ISO 感光度

104　设置间隔张数开始拍摄

在第 8 章中的 085，已经详细介绍了如何在单反相机中设置间隔拍摄的方法，大家可以参考 085 的设置方法，设置间隔拍摄的张数为 350 张，如图 11-3 所示。

图 11-3　设置间隔拍摄的张数

另外，一定要把相机上的"长时间曝光降噪"这个选项关闭，不然每拍一张照片就会进行长时间的曝光降噪，一是会浪费相机的电量，二是延长了每张照片的拍摄时间，非常没必要。设置方法很简单，按下相机左上角的 MENU（菜单）按钮，进入"照片拍摄菜单"界面，❶通过上下方向键选择"长时间曝光降噪"选项，如图 11-4 所示。按下 OK 键，进入"长时间曝光降噪"界面；❷选择"关闭"选项，如图 11-5 所示，按下 OK 键即可关闭"长时间曝光降噪"这个选项。

图 11-4 选择"长时间曝光降噪"选项

图 11-5 选择"关闭"选项

当我们设置好拍摄参数以及间隔张数后，接下来就可以按下快门键，开始拍摄多张星空照片了。拍摄完成后，将照片复制到计算机中，开始进行延时视频的后期处理操作。

11.2 5 招轻松制作出精彩的延时银河视频

延时视频的后期处理包括两个部分，一个是堆栈合成，一个是视频画面的后期处理。我们将拍摄的照片做成延时视频时，笔者所使用的堆栈软件是苹果软件 Final Cut Pro，但在导入到 Final Cut Pro 中制作延时视频之前，需要先处理照片。

首先要在 Lightroom 软件中批量修改照片文件的格式，因为我们用相机拍摄出来的是 Raw 格式的原片，要先在 Lightroom 软件中将其转换成 JPG 格式，才能导入到 Final Cut Pro 中合成。

本节将向读者详细介绍延时视频的后期处理技巧，请大家仔细学习每一个步骤。

105 用 LR 批量处理照片并导出保存

批量处理照片需要很高的计算机内存，对计算机硬件要求比较高，所以建议大家使用苹果电脑进行处理，它的运行速度会比较快。下面介绍在苹果电脑中批量处理照片并导出 JPG 格式的具体操作方法。

Step01 在电脑中打开间隔拍摄的延时星空原片文件夹，按【Ctrl ＋ A】全选所有原片文件，如图 11-6 所示。

Step02 将其拖曳至 Lightroom 软件中，弹出相应界面，❶按【Ctrl ＋ A】全选所有照片；❷单击右下角的"导入"按钮，如图 11-7 所示。

图 11-6　全选所有原片文件

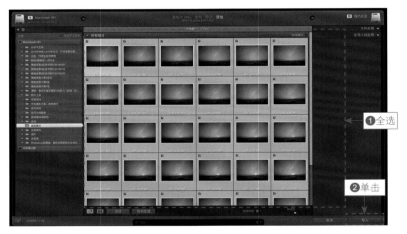

图 11-7　单击"导入"按钮

Step 03 进入 Lightroom 软件工作界面，❶选择第一张照片，我们先来初步调整一下照片的颜色；❷单击界面上方的"修改照片"按钮，如图 11-8 所示。

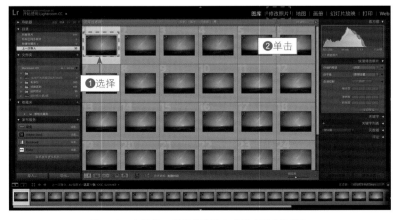

图 11-8　选择第 1 张照片并单击"修改照片"按钮

Step04 执行操作后，进入"修改照片"界面，在右侧面板中可以对其进行简单的颜色处理，如图 11-9 所示。

图 11-9　进入"修改照片"界面

Step05 在右侧设置"色温"为 2749、"色调"为 9、"曝光度"为 -0.65、"对比度"为 54、"清晰度"为 78、"去朦胧"为 16、"鲜艳度"为 -12、"饱和度"为 -10，将画面调整为蓝色调风格，如图 11-10 所示。

图 11-10　设置各参数

Step06 ❶选择下方导入的所有原片；❷单击右侧的"同步"按钮，如图 11-11 所示。

Step07 弹出"同步设置"对话框，点击"同步"按钮，如图 11-12 所示。

Step08 执行操作后，即可将设置的第 1 张照片的参数同步到所有原片中，稍等片刻，通过下面的缩略图可以看出所有照片已进行初步调色，如图 11-13 所示。

图 11-11　单击右侧的"同步"按钮

图 11-12　点击"同步"按钮

图 11-13　同步后所有照片已进行初步调色

Step09 同步完成后，接下来导出所有原片。在选择所有原片的基础上单击鼠标右键，在弹出的快捷菜单中选择"导出"|"导出"选项，如图 11-14 所示。

图 11-14 选择"导出"|"导出"选项

Step10 弹出"导出"窗口，在"文件设置"选项区中，❶设置"图像格式"为 JPEG 格式，选中并设置"文件大小限制为" 4000K；❷在"导出位置"选项区中单击"选择"按钮，如图 11-15 所示。

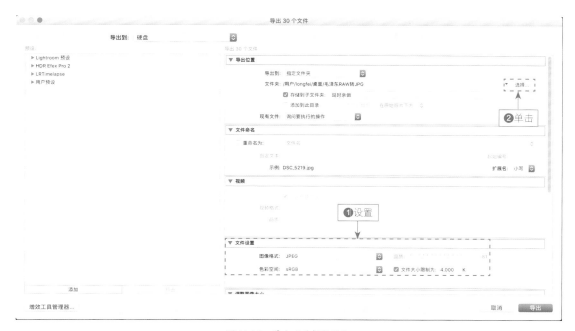

图 11-15 单击"选择"按钮

Step11 弹出相应对话框，在其中选择需要导出的文件夹位置，❶这里选择"JPG 延时原片"文件夹；❷单击"选择"按钮，如图 11-16 所示。

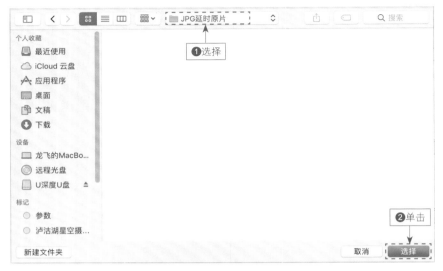

图 11-16　单击"选择"按钮

Step12 执行操作后即可将选择的文件夹指定为当前文件存储的文件夹，❶取消选中"存储到子文件夹"复选框；❷单击右下角的"导出"按钮，如图 11-17 所示。

图 11-17　单击右下角的"导出"按钮

Step13 稍等片刻，即可将选择的延时原片进行导出操作，在文件夹中可以查看导出的文件格式，如图 11-18 所示。

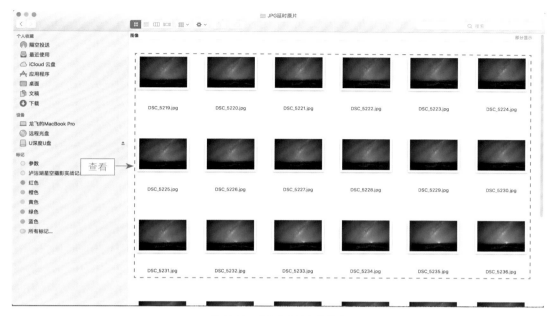

图 11-18　查看导出的文件格式

106 通过后期堆栈做成银河延时视频

接下来，笔者将介绍在 Final Cut Pro 软件中如何将照片变成视频的方法，加快视频的播放速度便可呈现出延时视频的效果。

Step 01 打开 Final Cut Pro 工作界面，在左上角的"媒体"窗格中，单击鼠标右键，在弹出的快捷菜单中选择"导入媒体"选项，如图 11-19 所示。

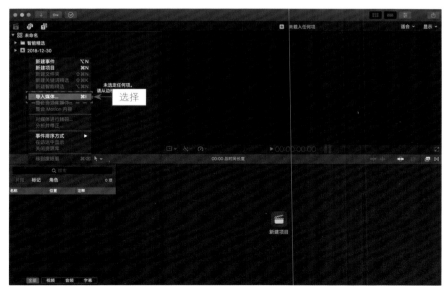

图 11-19　选择"导入媒体"选项

Step02 打开"媒体导入"窗口，❶在其中选择上一例导出的 JPG 格式的延时原片文件；❷单击"全部导入"按钮，如图 11-20 所示。

图 11-20　单击"全部导入"按钮

Step03 执行操作后，即可将 JPG 延时原片导入媒体素材库中，如图 11-21 所示。

Step04 在窗格中选择刚才导入的所有媒体文件，单击鼠标右键，在弹出的快捷菜单中选择"新建复合片段"选项，如图 11-22 所示。

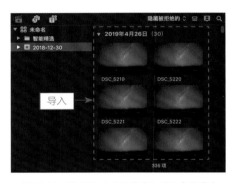

图 11-21　将 JPG 延时原片导入媒体素材库中

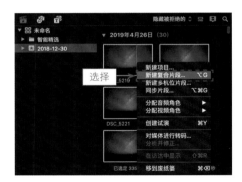

图 11-22　选择"新建复合片段"选项

Step05 弹出相应对话框，❶在其中设置"复合片段名称"为"延时星空"；❷单击"好"按钮，如图 11-23 所示。

图 11-23　设置"复合片段名称"为"延时星空"

Step 06 执行操作后，❶即可将导入的原片创建成复合项目；❷在下方窗格中单击"新建项目"按钮，如图 11-24 所示。

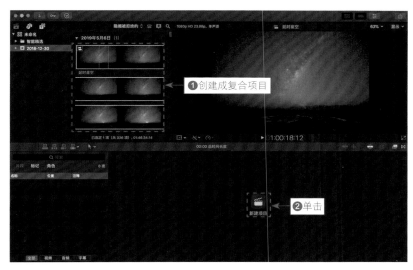

图 11-24　单击"新建项目"按钮

Step 07 ❶新建一个名为"银河"的项目，显示在"媒体"窗格中；❷界面下方显示了项目总时间长度，如图 11-25 所示。

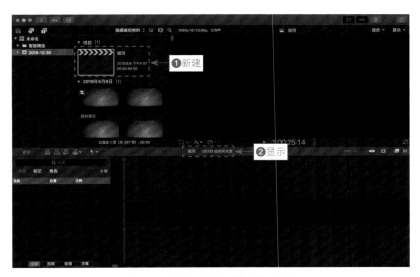

图 11-25　新建一个名为"银河"的项目

Step 08 将步骤 6 中创建的复合项目文件拖曳至下方项目总时间长度中，便会显示一整条的复合片段，如图 11-26 所示。

Step 09 单击"选取片段重新定时选项"按钮，在弹出的下拉列表中选择"快速"选项，在该子菜单中，提供了 4 种播放速度可供选择，如果选择"20 倍"选项，是指以20 倍的速度来播放目前的复合延时片段，如图 11-27 所示。

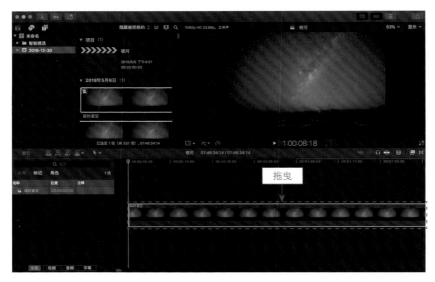

图 11-26 显示一整条的复合片段

Step 10 我们发朋友圈的短视频一般都是 10 秒，所以笔者今天教大家如何将延时视频的播放时长设置为 10 秒。我们在下拉列表中选择"自定"选项，如图 11-28 所示。

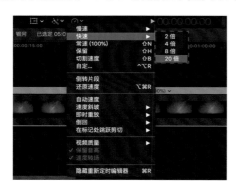

图 11-27 选择"20 倍"选项

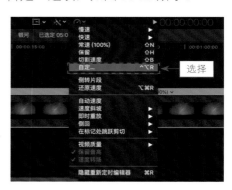

图 11-28 选择"自定"选项

Step 11 弹出"自定速度"对话框，❶选中"时间长度"单选按钮；❷设置时长为 10 秒，如图 11-29 所示，按【Enter】键确认操作。

Step 12 执行操作后即可将复合视频片段的播放时间修改为 10 秒，预览效果，如图 11-30 所示。

图 11-29 设置时长为 10 秒

图 11-30 修改后的视频长度

Step 13 延时视频创建完成后，接下来我们将视频进行导出。在菜单栏中选择"文件"|"共享"|"母版文件"命令，如图 11-31 所示。也可以单击"Apple 设备 1080p"命令，该命令导出来的文件容量相对小一点。

图 11-31　单击"母版文件"命令

Step 14 弹出"母版文件"对话框，单击"设置"选项卡，可以设置视频的格式与分辨率等；单击"角色"选项卡，可以查看导出的文件类型，单击右下角的"下一步"按钮，如图 11-32 所示。

图 11-32　单击"设置"与"角色"选项卡

Step 15 弹出相应对话框，❶设置存储为"银河"；❷单击"存储"按钮，如图 11-33 所示，即可将延时原片堆栈成延时视频。

图 11-33 单击"存储"按钮

/07 用手机短视频 APP 调色，呈现电影级质感

当我们将相机拍摄的银河原片堆栈成 10 秒小视频后，接下来需要对视频画面进行调色处理。懂视频调色软件的朋友，可以使用 AE 或者达芬奇软件对视频进行高级的调色处理；如果不太会这些软件的朋友也不要着急，这里介绍一款非常简单又实用的 APP 来处理视频画面——VUE，该 APP 主打用来发朋友圈的小视频的拍摄与后期制作，能满足一般人的视频处理需求，让视频分分钟呈现电影质感。下面介绍使用 VUE APP 处理银河延时视频色调的方法。

Step01 在手机中安装 VUE APP，进入 VUE 界面，点击界面下方的"相机"按钮，弹出列表框，选择"导入"选项 ，如图 11-34 所示。

Step02 导入上一例堆栈完成的银河延时视频，将其导入"视频编辑"界面中，点击该视频缩略图，如图 11-35 所示。

图 11-34 选择"导入"选项

图 11-35 点击视频缩略图

Step03 下方显示相应功能按钮，点击"画面调节"按钮 ⚙，如图 11-36 所示。

Step04 弹出"画面调节"面板，上下拖曳滑块可以调节相应参数，此时画面颜色也有所变化，如图 11-37 所示。

图 11-36 点击"画面调节"按钮

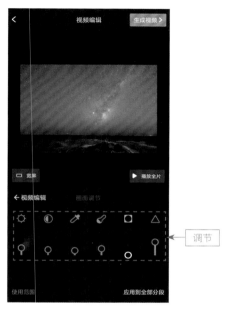

图 11-37 调节相应参数

Step05 点击界面中的"播放全片"按钮，预览调整色调后的银河星空视频效果，如图 11-38 所示。

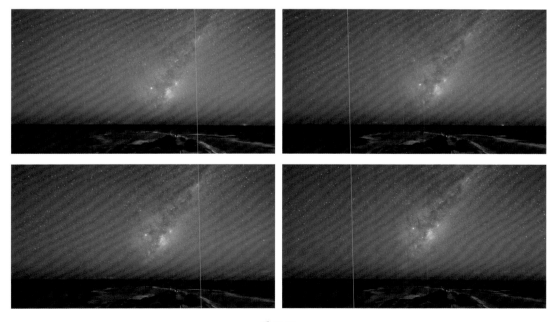

图 11-38

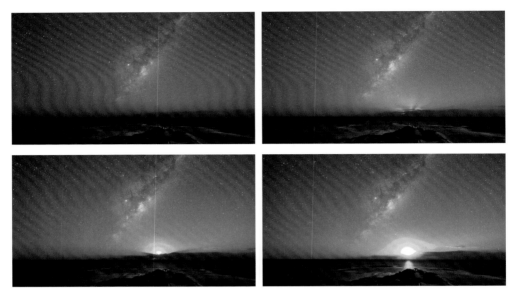

图 11-38　预览调整色调后的银河星空视频效果

108 添加文字与音效，让视频更动人

　　一夜的守候，拍摄出了一段震撼人心的银河延时视频，我们需要为视频添加水印，防止其他人在互联网中盗用，并为短视频添加背景声音，为视频锦上添花，使视频更具有吸引力。下面介绍添加水印与音效的操作方法。

　　Step 01 在 VUE 界面中，❶进入"文字"面板；❷点击"标题"按钮，如图 11-39 所示。

　　Step 02 弹出"标题"面板，选择相应标题样式，进入"编辑文字"界面，❶在其中输入相应文字内容；❷点击右上角的"对钩"按钮 ☑，如图 11-40 所示，确认操作。

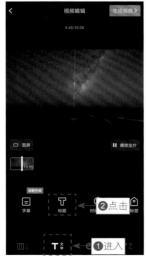

图 11-39　点击"标题"按钮

图 11-40　输入相应文字内容

Step 03 返回"标题"面板，在预览窗口中可以预览创建的文字效果，如图 11-41 所示。

Step 04 在"标题"面板中，向左滑动标题样式库，选择并更改标题的样式，效果如图 11-42 所示。

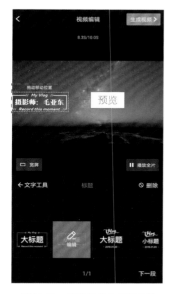

图 11-41　预览创建的文字效果

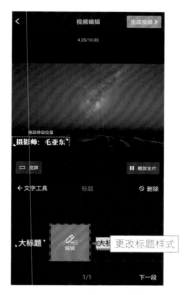

图 11-42　选择并更改标题样式

Step 05 点击"文字工具"前面的向左箭头 ←，返回主界面，点击"音乐"标签，如图 11-43 所示。

Step 06 弹出"添加音乐"面板，点击"三月中文精选"按钮，如图 11-44 所示。

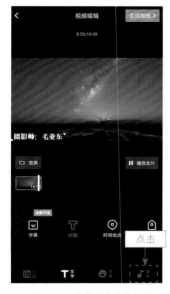

图 11-43　点击"音乐"标签

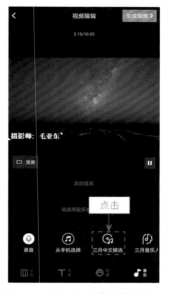

图 11-44　点击"三月中文精选"按钮

Step 07 进入"三月中文精选"界面，在其中选择一首喜欢的歌曲作为视频的背景音乐，被选中的歌曲上方显示"编辑"2字，如图 11-45 所示。

Step08 点击"编辑"按钮，进入音乐编辑界面，在其中用户可以选取歌曲中的某一小段作为背景音乐，向左或向右拖曳滑块，即可进行选择，如图 11-46 所示，这样便完成了背景音乐的添加操作。

图 11-45　选择一首歌曲

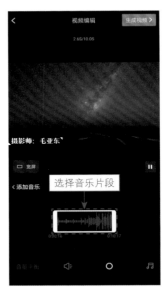

图 11-46　编辑音乐片段

Step09 单击"播放全片"按钮，在上方预览窗口中，预览添加文字与音效后的视频画面，效果如图 11-47 所示。

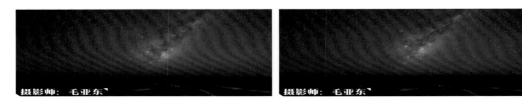

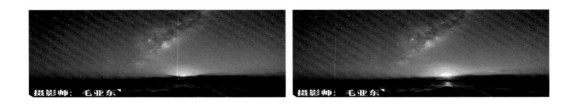

图 11-47　预览添加文字与音效后的视频画面

109 输出并生成成品视频文件

当我们处理好视频画面后，接下来需要输出并生成成品的视频文件，这样我们才好发布在朋友圈中。下面介绍输出并生成成品视频文件的操作方法。

Step 01 在"视频编辑"界面中，点击右上角的"生成视频"按钮，如图 11-48 所示。

Step 02 进入视频输出界面，显示视频输出进度，如图 11-49 所示。

Step 03 待视频输出完成后，进入"分享"界面，点击下方的"仅保存到相册"按钮，如图 11-50 所示，即可将制作完成的视频保存到手机中。

图 11-48 点击"生成视频"按钮

图 11-49 显示输出进度

图 11-50 点击"仅保存到相册"按钮

下面，我们再来预览两段笔者拍摄的星空延时作品，效果如图 11-51 所示。

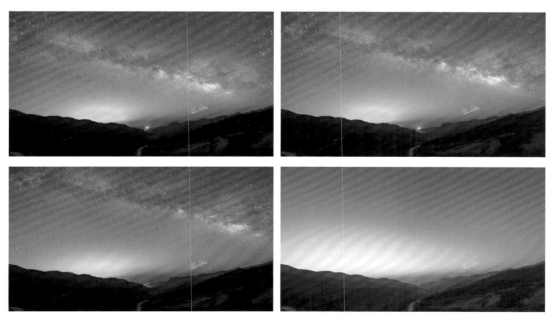

星空延时作品（一）

图 11-51

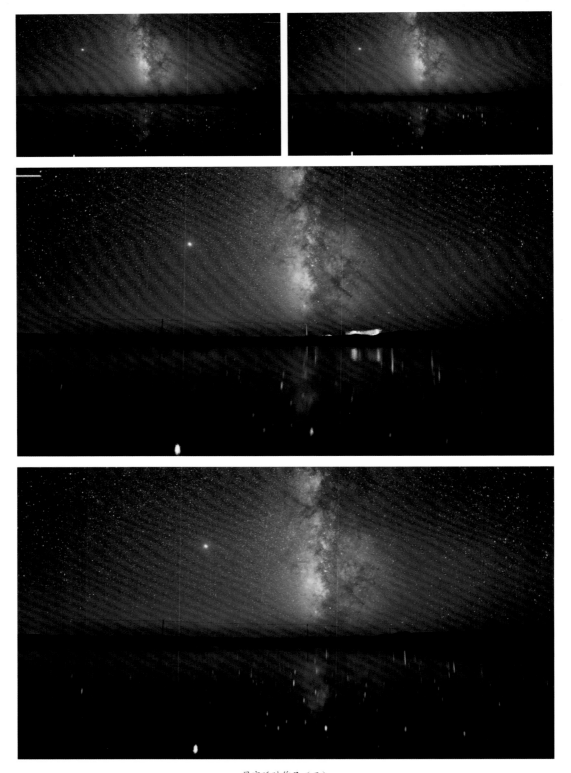

星空延时作品（二）

图 11-51　预览两段笔者拍摄的星空延时作品

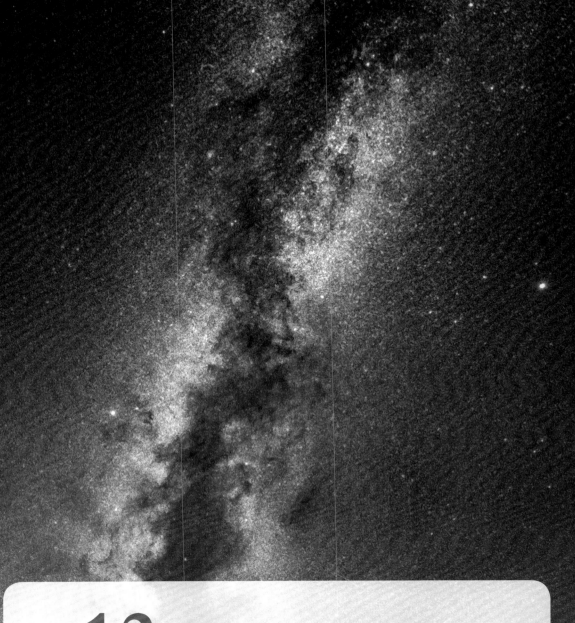

■■■ 12 ■■■ 星空后期：打造唯美的银河星空夜景

【本章主要讲解星空照片的后期处理技巧，星空全景照片有两种接片方式：一种是在 Photoshop 中接片；另一种是在 PTGui 软件中接片。本章都会进行详细介绍。接片完成后，在本章的后半部分对银河照片的修片技巧也进行了详细讲解，比如如何校正镜头、如何精细降噪以及如何精修银河色彩等，大家可以学习处理的方法，然后凭着对色彩的感觉和理解，修出自己喜欢的星空大片。】

12.1 用 Photoshop 对星空照片进行接片

很多漂亮的银河与星空照片都是后期接片完成的，在前期拍摄的时候，我们要保证画面有 30% 左右的重合，这样片子才能接得上。本节主要介绍使用 Photoshop 进行接片的操作。

110 将接片文件导入 Photoshop 中

下面介绍通过 Photomerge 命令，将拍摄的多张星空照片导入 Photoshop 中的方法。

Step 01 进入 Photoshop 工作界面，在菜单栏中选择"文件"|"自动"| Photomerge 命令，弹出 Photomerge 对话框，单击"浏览"按钮，如图 12-1 所示。

Step 02 弹出相应对话框，在其中选择需要接片的文件，如图 12-2 所示。

图 12-1 单击"浏览"按钮

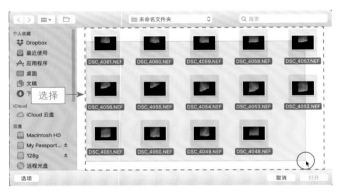

图 12-2 选择需要接片的文件

Step 03 单击"打开"按钮，❶在 Photomerge 对话框中可以查看导入的接片文件；❷在下方选中"混合图像"与"几何扭曲校正"复选框，❸单击"确定"按钮，如图 12-3 所示。

Step 04 执行操作后，Photoshop 开始执行接片操作，Photoshop 接片的速度比较慢，精度也没有 PTGui 那么高。稍等片刻即可查看到 Photoshop 接片的效果，如图 12-4 所示。

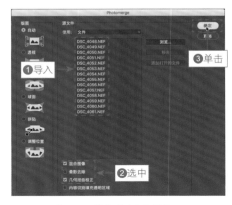

图 12-3 单击"确定"按钮

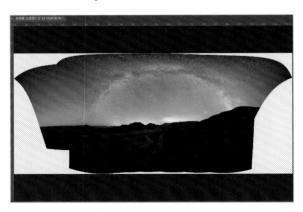

图 12-4 查看接片的效果

/// 对拼接的照片进行裁剪操作

接片完成后，我们需要对效果图进行裁剪操作，因为周围会有很多多余的部分，裁剪后的星空照片主体更加突出。下面介绍裁剪照片的操作方法。

Step01 选取工具箱中的裁剪工具，对照片中多余的部分进行裁剪，只留下照片中完整的区域，如图 12-5 所示。

Step02 在裁剪区域内，双击鼠标左键，确认裁剪操作。预览 Photoshop 接片的效果，如图 12-6 所示。

图 12-5　对照片中多余的部分进行裁剪　　　　图 12-6　预览 Photoshop 接片的效果

12.2　用 PTGui 软件对星空照片进行接片

PTGui 是笔者最常用来接片的软件，是目前功能最为强大的一款全景照片制作工具，该软件提供了可视化界面来实现对照片的拼接，从而创造出高质量的全景图像。本节主要向大家详细介绍使用 PTGui 接片的具体流程与操作方法。

//2 接片前用 Lightroom 初步调色

PTGui 不支持 RAW 格式照片的接片，因为 RAW 格式照片接片会产生色差，因此在接片之前需要使用 Lightroom 软件简单调整一个照片的颜色，然后批量修改文件的格式。

Step01 将需要接片的文件拖曳至 Lightroom 界面中，然后选择其中一张照片，❶进入"修改照片"界面；❷在右侧面板中初步调整各颜色参数，校正照片的色彩，如图 12-7 所示。

Step02 选择界面下方所有需要接片拼合的文件，单击右侧的"同步"按钮，如图 12-8 所示。

Step03 弹出"同步设置"对话框，单击右下角的"同步"按钮，如图 12-9 所示。

Step04 此时，所有需要接片的照片都调成了一样的色调，如图 12-10 所示。

图 12-7　初步校正照片的色彩

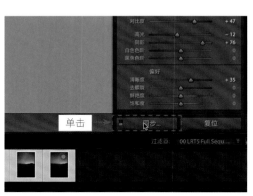

图 12-8　单击"同步"按钮（1）

图 12-9　单击"同步"按钮（2）

Step05 接下来我们导出照片。选择界面下方所有的照片，单击鼠标右键，在弹出的快捷菜单中选择"导出"｜"导出"选项，弹出相应对话框，❶在"文件设置"选项区中设置"图像格式"为 TIFF；❷单击右下角的"导出"按钮，如图 12-11 所示，执行操作后即可导出文件。

Step06 下面我们预览一下初步调色后的单张星空照片的效果，如图 12-12 所示。

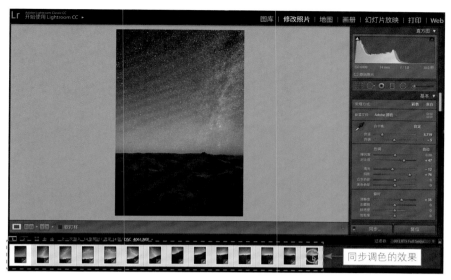

图 12-10 所有需要接片的照片都调成了一样的色调

图 12-11 单击右下角的"导出"按钮

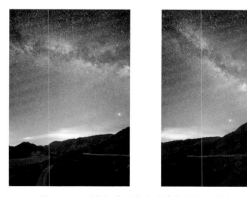

图 12-12 预览初步调色后的单张星空照片的效果

113 导入 PTGui 中进行接片处理

在 Lightroom 软件中，初步处理好星空照片的色调与格式后，接下来可以在 PTGui 中进行接片处理了，下面介绍具体的接片方法。

Step 01 在文件夹中，选择上一步导出的 TIF 文件，如图 12-13 所示。

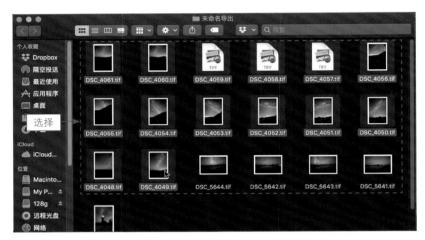

图 12-13　选中上一步导出的 TIF 文件

Step 02 将其拖曳至 PTGui 工作界面中，界面上方显示了所有导入的接片文件，❶取消选中 Automatic（自动拼接）复选框，设置 Lens type（镜头类型）为 Rectilinear（直线镜头）、Focal length（焦距）为 14mm；❷单击 Align images（拼接图片）按钮，如图 12-14 所示。

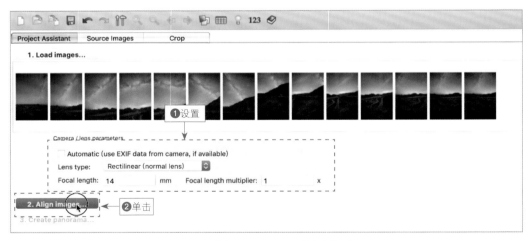

图 12-14　单击 Align images（拼接图片）按钮

Step 03 执行操作后，即可开始拼接照片。PTGui 拼接照片时，不仅速度快，拼接精度也很高。拼接完成后，我们来预览一下拼接的效果，如图 12-15 所示。

图 12-15   预览拼接的效果

114 单独对拼接的部分进行调整

在 PTGui 软件中完成接片后，接下来可以调整拼接的照片，使其形状、样式、效果更加符合要求。下面介绍对拼接的部分进行调整的方法。

Step01 在上一例的基础上，在画面中单击鼠标左键的同时，可以向四周方向拖曳，调整整个画面的形状与透视效果，使照片看上去更加自然，如图 12-16 所示。

调整照片透视效果

图 12-16   调整整个画面的形状与透视效果

Step02 如果有部分图像没有拼接上来，❶可以单击界面上方的"切换成显示每一区域"按钮 ，❷此时拼接的照片显示相应的序号，如图 12-17 所示，在界面上方单击相应的序号，即可单独选中某张拼接的图像，可以手动拖曳拼接的图像，还可以单独调整图像的大小、位置等。

Step03 照片拼接完成后，点击 Create panorama（创建全景图）按钮，可以设置全景图片的尺寸、格式和保存路径。单击 Create panorama（创建全景图）按钮，将全景图周围不需要的区域裁剪后，便得到了完整的全景照片。经过后期处理后的拼接照片如图 12-18 所示。

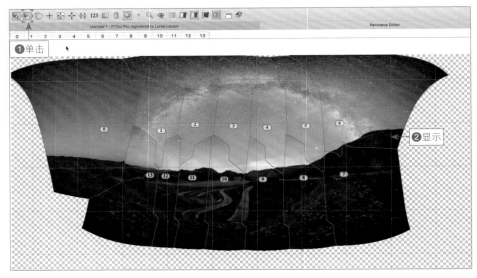

图 12-17　拼接的照片显示相应的序号

图 12-18　经过后期处理后的拼接照片效果

12.3　使用 Photoshop 修出唯美的银河夜景

　　本章前面两节的知识点，主要讲解了接片的技巧，当接片完成后，需要对照片进行后期精修与处理，使我们拍摄的星空作品更加有表现力。下面先来预览一下银河照片处理前与处理后的对比效果，如图 12-19 所示。

处理前的银河原片

处理后的效果图

图 12-19　银河照片处理前与处理后的对比效果

　　通过上面这两张照片的对比，我们可以看出，处理后的照片中银河的细节更加丰富，色彩也更加绚丽，光线也更加柔和、自然，画面色彩对比也更加强烈，整个画面中的银河给人非常震撼的感觉。接下来我们开始学习照片后期处理的具体流程与操作方法。

115 初步调整照片色调与校正镜头

　　当我们要处理一张照片时，首先要查看照片的色温和色调，如果色温不符合用户的审美，就要纠正和调整照片的色温，使照片色调的颜色更加准确，下面介绍具体调整方法。

Step01 在文件夹中选择需要处理的 RAW 格式的原片，将其拖曳至 Photoshop 软件中。打开 Camera Raw 窗口，在右侧的"基本"面板中，设置"色温"为 4000、"色调"为 11，尽量还原照片本身的色彩与色调，如图 12-20 所示。

图 12-20　设置色温与色调参数值

Step02 ❶单击"镜头校正"按钮 ▦，进入"镜头校正"面板，该面板中主要是对镜头的变形与暗角进行调整；❷选中"删除色差"与"启用配置文件校正"复选框；❸在下方分别设置"扭曲度"与"晕影"均为 100，进行画面校正，如图 12-21 所示。

图 12-21　对照片进行镜头校正

Step03 再次进入"基本"面板，来初步调整照片的色调。在下方设置"高光"为 -60、"阴影"为 18、"白色"为 51、"清晰度"为 19、"去除薄雾"为 7，如图 12-22 所示。调整之后，银河的颜色稍微明显与丰富一点了。

图 12-22　初步调整照片的色调

Step04 在界面上方工具栏中，选取变换工具，在右侧的"变换"面板中，单击"自动：应用平衡透视校正"按钮，对画面进行平衡校正，如图 12-23 所示。

图 12-23　对画面进行平衡校正

Step05 在界面上方工具栏中，选取径向滤镜工具，用来加深银河的颜色，❶在银河的位置绘制一个椭圆形；❷在右侧我们可以设置色温、色调、清晰度、去除薄雾、饱和度以及锐化程度等参数，加深银河的色彩，使银河的细节显示得更加完美，如图 12-24 所示。还可以用同样的方法，调整界面中其他局部区域的色调。到这里，初步调色完成了。注意局部的调整一次不要过多，一定要慢慢来，保证局部与整体的统一，不要显得太突兀。

图 12-24　使用径向滤镜加深银河的色彩

116　对银河细节进行第一次降噪与锐化

夜晚拍摄的星空照片，如果拍摄时 ISO 参数较高，那么拍摄出来的画面会有一定的噪点，这是很影响画质和画感的，下面我们对照片进行第一次降噪处理，具体方法如下。

Step01 在 Camera Raw 窗口中，单击"细节"按钮▲▲，进入"细节"面板，在其中设置"数量"为 40、"半径"为 1.0、"细节"为 25、"明亮度"为 15、"明亮度细节"为 50、"颜色"为 25、"颜色细节"为 50、"颜色平滑度"为 50，如图 12-25 所示。

图 12-25　对画面进行降噪处理

Step02 对画面进行锐化，画质更加清晰了，星星也更加明显一点，降噪处理让画面看着更加纯净。

117　通过滤镜进一步加强星空色彩

接下来介绍一款调色插件，名称为 Nik Collectionn，这是谷歌开发的一款免费的插件，大家可以自行下载安装。而我们主要使用的是里面的 Color Efex Pro 4。下面我们通过 Color Efex Pro 4 来处理星空照片的色调，使银河的色彩更加丰富。

Step01 进入 Photoshop 工作界面，在"图层"面板中选择智能图层对象，❶单击鼠标右键，在弹出的快捷菜单中选择"拼合图像"选项，将智能对象转换为"背景"图层；❷按【Ctrl+J】组合键，复制"背景"图层，得到"图层 1"图层，如图 12-26 所示。

Step02 在菜单栏中，选择"滤镜"｜Nik Collection｜Color Efex Pro 4 命令，如图 12-27 所示，在 Photoshop 中安装的滤镜插件会显示在"滤镜"菜单下。

图 12-26　得到"图层 1"图层

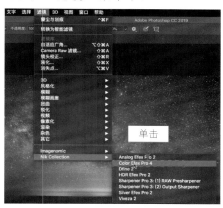

图 12-27　单击 Color Efex Pro 4 命令

Step03 打开 Color Efex Pro 4 窗口，❶在左侧列表框中选择"详细提取滤镜"选项；❷在右侧面板中设置"详细提取"为 25%、"对比度"为 6%、"饱和度"为 11%，如图 12-28 所示，该功能主要用于提高星空照片的对比度与饱和度效果。

图 12-28　添加"详细提取滤镜"选项

Step 04 ❶单击面板下方的"添加滤镜"按钮；❷在左侧下拉列表框中选择"淡对比度"
选项；❸在右侧面板中设置"动态对比度"参数为 22，如图 12-29 所示，再次增加画面对
比度，银河的细节更加明显了。

图 12-29 添加"淡对比度"选项

Step 05 ❶单击面板下方的"添加滤镜"按钮；❷在左侧下拉列表框中选择"天光镜"
选项，如图 12-30 所示。使用"天光镜"滤镜之后，可以拓宽银河的显现区域并加深色彩。
操作完成后，单击界面右下角的"确定"按钮，即可完成滤镜插件处理星空照片的操作。

图 12-30 添加"天光镜"选项

118 通过蒙版与图层加强星空色调

经过 Nik Collectionn 滤镜的修改，其实照片的整体都进行了高强度的增加，但是一些细节

并不是我们想要加强的，有些细节我们希望有选择性地进行不同程度的加强。接下来我们使用图层蒙版与 PS 调整功能来处理星空照片的色调，具体方法如下。

Step01 在"图层"面板中，❶为"图层 1"图层添加一个黑色蒙版，选取工具箱中的画笔工具，在工具属性栏中设置画笔的"不透明度"参数；❷在照片上进行适当涂抹，使照片过渡得更加自然，如图 12-31 所示（注意：一定要记住需要慢慢柔和地过渡，才能使照片看起来没那么生硬，每次调整完之后可以回看前一步的画面效果进行比对，拒绝一次性过于突兀的修片）。

图 12-31　建立蒙版在照片上进行适当涂抹

Step02 按【Ctrl ＋ Shift ＋ Alt ＋ E】组合键，盖印图层，得到"图层 2"图层，❶在"调整"面板中单击"色彩平衡"按钮，新建"色彩平衡 1"调整图层；❷在"属性"面板中设置"色调"为"中间调"、"青色"为 -4、"洋红"为 -2、"蓝色"为 5，调整星空照片的色彩色调，加强了一点点的蓝色调，如图 12-32 所示。

图 12-32　设置"色彩平衡"属性参数

Step03 在"图层"面板中，选择"色彩平衡 1"调整图层，如图 12-33 所示。

Step04 按【Ctrl ＋ I】组合键，将蒙版的颜色进行反向，将白色蒙版转换成黑色蒙版，如图 12-34 所示。

图 12-33　选择"色彩平衡 1"调整图层　　　　　　图 12-34　将白色蒙版转换成黑色蒙版

Step05 设置前景色为白色，选择"编辑"菜单下的"填充"项，在弹出的"填充"对话框中设置"内容"为"前景色"，"不透明度"为 50%，将"色彩平衡 1"调整图层的蒙版填充为 50% 的灰色，让刚才色彩平衡的效果只有 50% 应用到图片中，效果如图 12-35 所示。

图 12-35　使用填充的方式调整画面的颜色

119　对画面进行第二次降噪，提升质感

如果只是单纯地使用插件来对画面降噪的话，很有可能会把星空中的星点全部都给降噪掉，所以我们接下来使用另外一种方法，对画面进行第二次降噪，提升照片质感。

Step 01 按【Ctrl＋Shift＋Alt＋E】组合键，盖印图层，得到"图层 3"图层。再按两次【Ctrl＋J】组合键，复制两个图层出来，得到"图层 3 拷贝"和"图层 3 拷贝 2"图层。隐藏"图层 3 拷贝 2"图层，然后选择"图层 3 拷贝"图层，如图 12-36 所示。

Step 02 在菜单栏中，选择"滤镜"|"杂色"|"蒙尘与划痕"命令，弹出"蒙尘与划痕"对话框，❶设置"半径"为 16；❷单击"确定"按钮，如图 12-37 所示。

图 12-36　复制与选择图层

图 12-37　设置"半径"为 16

Step 03 执行操作后，对画面进行模糊处理，效果如图 12-38 所示。

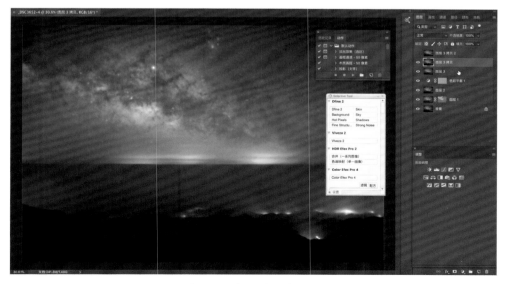

图 12-38　对画面进行模糊处理

Step 04 在"图层"面板中，显示并选择"图层 3 拷贝 2"图层，选择"图像"|"应用图像"命令，弹出"应用图像"对话框，设置"图层"为上一步我们模糊处理的"图层 3 拷贝"

图层，设置"混合"为"差值"，单击"确定"按钮。这个时候我们可以看到图像中亮的区域全部被选择出来了，如图 12-39 所示。

图 12-39　图像中亮的区域全部被选择出来了

Step 05 但是，画面中的星点还不够亮，❶此时在"调整"面板中单击"色阶"按钮[图]，新建"色阶 1"调整图层；❷在"属性"面板中将最右侧的白色滑块向左拖曳，调整色阶参数值直至滑块到有像素堆叠的区域，加亮星空中的星点效果，如图 12-40 所示。

图 12-40　加亮星空中的星点效果

Step 06 按住【Alt】键的同时在"色阶 1"调整图层下方单击鼠标左键，此时该图层前面显示一个向下的回车键，表示该调整图层只对"图层 3 拷贝 2"图层有效，如图 12-41 所示。

Step 07 设置前景色为黑色，选择"图层 3 拷贝 2"图层，使用画笔工具涂黑地景上面的白色部分，打开"通道"面板，按【Ctrl】键的同时单击"RGB"缩略图，此时星空区域中的星点被全部选中了，隐藏"图层 3 拷贝"和"图层 3 拷贝 2"图层，如图 12-42 所示。

图 12-41　对图层进行操作

图 12-42　隐藏图层的操作

Step08 放大查看星空中被选中的亮星部分，还可以通过"扩大选区"功能扩大亮星的范围，如图 12-43 所示为选择亮星的效果。

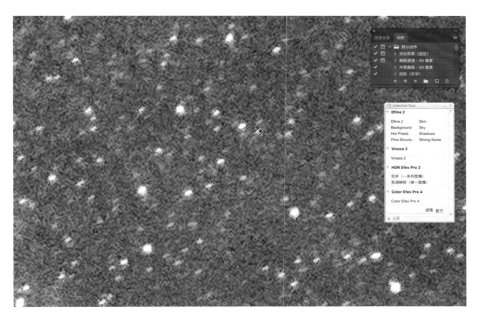

图 12-43　选择亮星的效果

Step09 选择"图层 3"图层，选择"选择" |"反向"命令，对选区进行反向，此时选中的就不是天空中的亮星，而是除了亮星以外的其他噪点区域。接下来我们使用 Dfine 2 对选出来的星空区域进行降噪，选择"滤镜" | Nik Collection | Dfine 2 命令，打开 Dfine 2 窗口，画面提示正在进行降噪处理。界面右下角有两个缩略图，左侧缩略图是我

们的原图，右侧缩略图是降噪后的照片，还是有明显的区别。单击"确定"按钮，如图12-44 所示。

图 12-44　使用 Dfine 2 对噪点区域进行降噪

Step 10 执行操作后，即可对画面进行降噪处理，按【Ctrl ＋ D】组合键，取消对当前选区的选择。预览降噪完成的最终效果，如图 12-45 所示。

图 12-45　预览降噪完成的最终效果

13 星轨修片：Photoshop 创意合成与处理

【本章主要讲解星轨照片的修片技巧，我们可以将一张照片做成星轨的效果，也可以在 Photoshop 中通过堆栈的方式将多张照片合成星轨，这些方法都是可以做出绚丽星轨特效的。本章在后半部分还详细介绍了星轨照片的后期精修与处理技法，希望读者熟练掌握后期处理的精髓，处理出更多精彩、漂亮的星轨作品。】

13.1　如何用一张照片做成星轨

如果我们只拍摄了一张星空照片，通过 Photoshop 后期软件，可以将单张星空照片做成星轨的效果，本节主要讲解如何用一张照片做成星轨的具体方法。

120　对图层进行多次复制操作

制作星轨的照片，一定要有前景衬托，可以说"无前景不星轨，无衬托不丰富"。因此，建议大家可以多拍些富有前景的星空照片，这样一来，张张都可以调为星轨大片。制作星轨照片之前，我们首先需要对图层进行多次复制操作，下面介绍具体操作方法。

Step01 进入 Photoshop 工作界面，选择"文件"|"打开"命令，如图 13-1 所示。

Step02 弹出"打开"对话框，在其中选择需要打开的星空素材，如图 13-2 所示。

图 13-1　单击"打开"命令

图 13-2　选择需要打开的星空素材

Step03 单击"打开"按钮，即可在界面中打开星空素材，如图 13-3 所示。

图 13-3　在界面中打开星空素材

Step 04 在"图层"面板中，按【Ctrl ＋ J】组合键，拷贝"背景"图层，得到"图层 1"图层，如图 13-4 所示。

Step 05 按【Ctrl ＋ T】键，调出变形控制框，如图 13-5 所示。

图 13-4　得到"图层 1"图层

图 13-5　调出变形控制框

Step 06 在工具属性栏中，❶设置"旋转角度"为 0.10；❷在"插值"中选择"两次立方（较平滑）"；❸单击"对钩"按钮 ✔，如图 13-6 所示，确定操作。

图 13-6　设置各参数

Step 07 在"图层"面板中，设置"类型"为"变亮"，如图 13-7 所示。

Step 08 多次按【Ctrl ＋ Shift ＋ Alt ＋ T】键，复制图层，便能得到星轨效果。图层越少，星轨越稀；图层越多，星轨越密，大家根据自己的疏密程度喜好来选择复制次数，如图 13-8 所示。

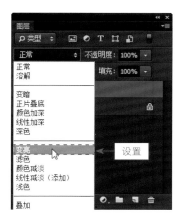

图 13-7　设置"类型"为"变亮"

图 13-8　复制多个图层

Step 09 执行操作后，此时照片里天空中的星星已经形成了运动的轨迹，如图 13-9 所示。

图 13-9　照片里天空中的星星已经形成了运动的轨迹

Step10 在"图层"面板中，选择除"背景"图层以外的所有图层，单击鼠标右键，弹出快捷菜单，选择"合并图层"选项，如图 13-10 所示。

Step11 执行操作后，即可对复制的图层进行合并操作，如图 13-11 所示。现在，星轨的大体效果已经制作出来了。

图 13-10　选择"合并图层"选项

图 13-11　对复制的图层进行合并操作

/2/ 抠取画面中的前景对象

上一步中复制的图层，已经有了很明显的星轨效果，但是前景中的屋檐还是模糊的，我们需要将前景中的屋檐抠取出来，使它变得清晰。下面介绍抠取画面中前景对象的方法。

Step 01 在"图层"面板中，隐藏合并后的图层，然后选择"背景"图层，在工具箱中选取磁性套索工具或快速选择工具，将照片中的前景（屋檐）抠选出来，如图 13-12 所示。

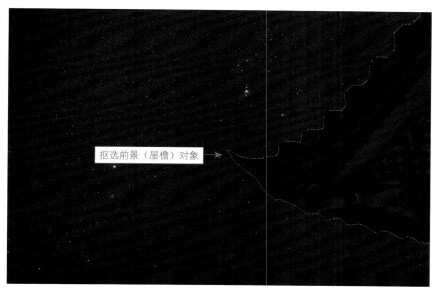

图 13-12　将照片中的前景（屋檐）抠选出来

Step 02 按【Ctrl ＋ J】组合键，将抠取的屋檐前景对象进行拷贝操作，得到"图层 1"图层，如图 13-13 所示。

Step 03 在面板中显示所有图层对象，将"图层 1"图层调至面板的最上方，并显示"图层 1 拷贝 90"图层，如图 13-14 所示。

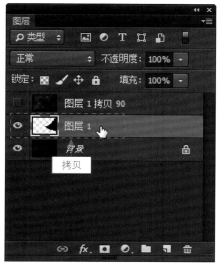

图 13-13　得到"图层 1"图层

图 13-14　调整图层的顺序

Step 04 此时，便得到了清晰的屋檐前景和旋转的星轨效果，如图 13-15 所示。

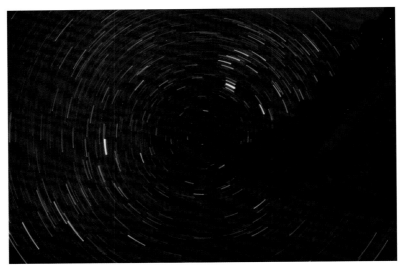

图 13-15　制作好的星轨效果

13.2　在 Photoshop 中堆栈合成星轨照片

我们不仅可以将单张星空的照片制作出星轨的效果，还可以运用间隔拍摄的方法，将拍摄的多张星空照片合成成星轨，本节主要介绍如何将多张照片合成星轨的具体操作方法。

/2.2 批量修改照片格式与文件大小

拍摄星空照片时，我们一般都是以 RAW 格式保存的，这样方便我们对照片进行后期精修，但如果要堆栈合成星轨照片，文件的格式和容量都要修改一下，格式最好是 JPG 格式的。下面介绍在 Lightroom 软件中批量修改照片格式与文件大小的操作方法。

Step01 打开间隔拍摄的星轨原片文件夹，这里有 60 张星轨原片，如图 13-16 所示。

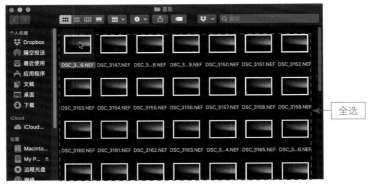

图 13-16　60 张星轨原片

Step 02 按【Ctrl ＋ A】组合键全选，将其拖曳并导入至 Lightroom 软件中，如图 13-17 所示。

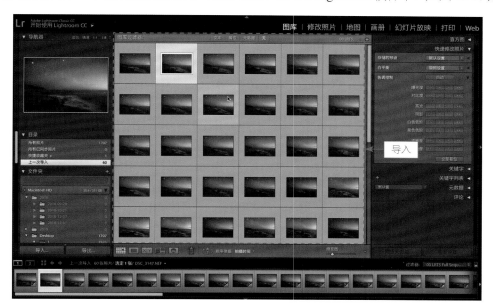

图 13-17　导入至 Lightroom 软件中

Step 03 以其中一张照片为示例，进入"修改照片"界面，在右侧面板中对其进行简单处理，比如调整照片色调、进行锐化、消除噪点等，如图 13-18 所示。

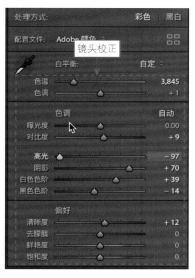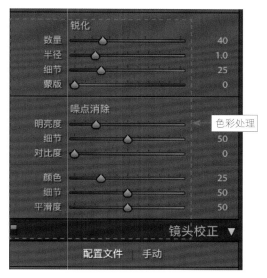

图 13-18　调整照片色调、进行锐化、消除噪点

Step 04 选择下方导入的所有原片，单击右侧的"同步"按钮，弹出"同步设置"对话框，再单击"同步"按钮，将刚才设置的照片参数同步到所有原片中，如图 13-19 所示。

Step 05 同步完成后，接下来导出所有原片。在选择的所有原片上单击鼠标右键，在弹出的快捷菜单中选择"导出"|"导出"选项，如图 13-20 所示。

图 13-19　同步所有参数设置

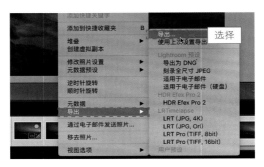

图 13-20　选择"导出"选项

Step06 弹出"导出"对话框，在"文件设置"选项区中，❶设置"图像格式"为 JPG、"色彩空间"为 sRGB、"品质"为 80%；❷单击"导出"按钮，如图 13-21 所示，即可批量修改照片格式与文件大小。

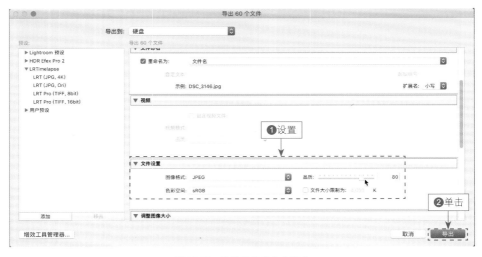

图 13-21　设置选项并导出照片

123 对多张星空照片进行堆栈处理

当我们批量导出星空照片后，接下来向大家介绍在 Photoshop 中对多张星空照片进行堆栈处理，并制作成星轨的方法，具体操作步骤如下。

Step01 进入 Photoshop 工作界面，在菜单栏中选择"文件"|"脚本"|"将文件载入堆栈"命令，弹出"载入图层"对话框，单击"浏览"按钮，如图 13-22 所示。

Step02 弹出相应对话框，选择上一例中导出的星空图片，载入该对话框中，❶在下方选中"载入图层后创建智能对象"复选框；❷单击"确定"按钮，如图 13-23 所示。

图 13-22 单击"浏览"按钮

图 13-23 单击"确定"按钮

Step03 单击"确定"按钮，即可对星空照片进行智能处理。这里需要大家等待一段时间，因为 Photoshop 需要对堆栈的照片进行合成处理。预览堆栈完成的星空照片，如图 13-24 所示。

图 13-24 预览堆栈完成的星空照片

Step04 在"图层"面板中显示一个智能对象，选择"图层"|"智能对象"|"堆栈模式"|"最大值"命令，可以将画面中较亮的部分进行叠加。我们制作星轨照片时，采用"最大值"命令进行堆栈，对星轨照片进行叠加处理。处理完成后，在 Photoshop 界面中可以预览堆栈完成的星轨效果，如图 13-25 所示。

图 13-25　预览堆栈完成的星轨效果

13.3　星轨照片的后期精修与处理技巧

当我们在 Photoshop 中对星轨照片堆栈完成后，接下来需要对星轨照片进行后期精修与处理，比如调整照片的色调、校正镜头以及地景的处理等，使制作的星轨照片更加漂亮、大气。

124 合成画面中地景与天空星轨部分

在上一例中，我们使用了"最大值"命令堆栈了星轨照片，提取了照片中最亮的部分，接下来我们需要提取画面中较暗的部分，然后对地景与天空进行完美叠加与合成，使整个画面的亮度更加自然、协调。下面介绍合成地景与天空部分的具体操作方法。

Step01 在"图层"面板中，拷贝一个图层，选择"图层"|"智能对象"|"堆栈模式"|"平均值"命令，对星轨照片进行平均值堆栈，效果如图 13-26 所示。

图 13-26　对星轨照片进行平均值堆栈

Step 02 接下来，我们需要合成"平均值"堆栈的地景和"最大值"堆栈的天空部分。对"平均值"堆栈的星轨建立一个蒙版图层，设置前景色为黑色，使用画笔工具在天空部分进行涂抹，显示出"最大值"堆栈的天空部分。这样就完美地合成了两个画面，一来使地面看起来相对柔和，二是起到了降噪的目的，海面上的水已经变成了雾化效果，如图 13-27 所示。

图 13-27 完美地合成了两个画面

/25 去除画面中飞机轨迹等不需要的元素

星轨照片中有一些细节需要修饰，比如飞机飞行的轨迹、海面上行船的轨迹等，如果不需要的话，我们可以使用画笔进行擦除。下面介绍去除画面中飞机轨迹等元素的操作方法。

Step 01 按【Ctrl＋Shift＋Alt＋E】组合键盖印图层，得到"图层 1"图层。放大显示照片，使用污点修复画面工具✏️对天空中的飞机轨迹进行擦除操作，如图 13-28 所示。

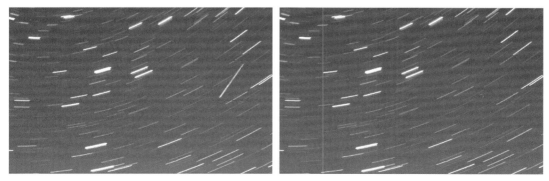

图 13-28 对天空中的飞机轨迹进行擦除操作

Step 02 放大显示照片，按空格键对画面进行平移操作，继续使用污点修复画面工具✏️对海面上的行船进行擦除操作，如图 13-29 所示。

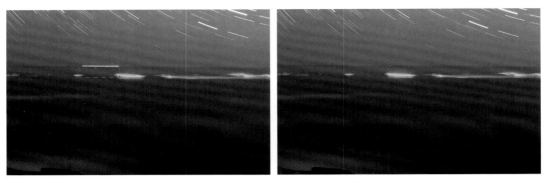

图 13-29　对海面上的行船进行擦除操作

Step 03 处理完成后，预览修复后的星轨画面效果，如图 13-30 所示。

图 13-30　预览修复后的星轨画面效果

126 对整个画面进行初步的调色处理

对照片进行调色之前，我们先来分析一下照片需要进行哪些部分的调整。首先画面右边的高光部分有城市的光源污染，所以我们在后期中要想办法把这一部分的亮度降下来；然后是星轨线条的亮度可以再稍微暗一点；还有地景的颜色可以更显层次感一点，光影效果能更好一点，看起来更清楚一点。

了解了我们的后期思路之后，接下来我们先对照片进行初步的调色处理，先处理画面中光源污染的问题，然后初步调整整个画面的色调，下面介绍具体操作方法。

Step 01 在菜单栏中，选择"滤镜"|"Camera Raw 滤镜"命令，打开 Camera Raw 窗口，❶在界面上方工具栏中选取径向滤镜工具 ，主要用来降低右侧高光部分的亮度；❷在高光的位置绘制一个椭圆；在右侧面板底部选中"内部"单选按钮，这样只对椭圆内部的画面进行调色处理；❸然后设置"色温"为 −2、"曝光"为 −0.35、"对比度"为 19、"高光"为 −34，降低画面的曝光与高光效果，使城市光源污染没那么明显，如图 13-31 所示。

图 13-31　降低画面的曝光与高光效果

Step02 接下来对整个画面进行初步调色处理。在"基本"面板中，设置"对比度"为
8、"阴影"为 33、"清晰度"为 13、"去除薄雾"为 7，提高画面的对比度和增加阴影，
使画面更加清晰、饱满一点，效果如图 13-32 所示。

图 13-32　对整个画面进行初步调色处理

127　对星轨照片的局部进行精细修片

接下来，我们对星轨照片的每一个部分进行精细调整，如星轨线条的处理以及地景质感的
处理等，这里会用到一些插件，如 StarsTail 和 Color Efex Pro 4 插件等，下面介绍具体方法。

Step01 选择"窗口"|"扩展功能"|"StarsTail"命令，打开"StarsTail"面板，进入"蒙版"选项卡，单击"建立全部灰度通道"按钮，如图 13-33 所示。

Step02 生成之后，我们可以在"通道"面板中看到它针对每一个部分的高光、暗部、亮部、中间调进行了一个区分。首先我们要选取出照片的暗色调，拷贝"图层 1"图层，在"StarsTail"面板中单击"暗 3"按钮，为"图层 1 拷贝"图层添加一个暗色调蒙版图层，按住【Ctrl】键单击蒙版，创建蒙版选区，如图 13-34 所示。

图 13-33　单击"建立全部灰度通道"按钮　　　　　图 13-34　创建蒙版选区

Step03 在"调整"面板中，单击"曲线"按钮，创建一个"曲线"调整图层，在"曲线"面板中创建两个关键帧，来调整画面的亮度。这个调整不会对星轨有任何影响，因为主要是调整照片中的暗部细节，如图 13-35 所示。

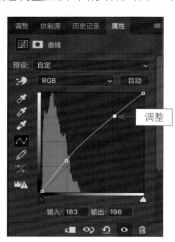

图 13-35　主要是调整照片中的暗部细节

Step04 按【Ctrl ＋ Shift ＋ Alt ＋ E】组合键，盖印图层，得到"图层 2"图层。在"StarsTail"面板中单击"亮 3"按钮，为"图层 2"图层添加一个亮色调蒙版图层，按住【Ctrl】键单击蒙版，创建蒙版选区；接下来的调整只针对星轨部分，在"调整"面板中我们可以通过

"色相/饱和度"或"曲线"按钮来降低星轨星线的亮度，效果如图 13-36 所示。

图 13-36　只针对星轨部分进行调整，降低亮度

Step05 按【Ctrl ＋ Shift ＋ Alt ＋ E】组合键，盖印图层，得到"图层 3"图层。前面我们对画面中的暗部和亮部都做了精细调整，接下来我们建立一个中间调的图层，在"StarsTail"面板中单击"中 3"按钮，然后为图层蒙版创建一个蒙版选区；接下来的调整只针对画面的中间调进行调整，我们同样可以通过"调整"面板中的"色相/饱和度"或"曲线"按钮来调整照片中间调的色调，处理后的效果如图 13-37 所示。

图 13-37　调整照片中间调的色调

Step06 接下来使用 Color Efex Pro 4 插件对照片进行精细调整。盖印图层，得到"图层 4"图层，选择"滤镜"｜ Nik Collection ｜ Color Efex Pro 4 命令，打开 Color Efex Pro 4 窗口，

在这个插件中我们主要用到"天光镜"和"魅力光晕"效果，使天空的星轨看上去比较柔和。在左侧列表框中选择"天光镜"选项，在右侧调整相应参数，或者单击窗口下方的"画笔"按钮，使用画笔工具对照片相应部分进行涂抹，将需要的部分擦出来，效果如图 13-38 所示。

图 13-38　使用"天光镜"功能处理画面色调

Step07 盖印图层，得到"图层 5"图层。打开 Color Efex Pro 4 窗口，在左侧列表框中选择"魅力光晕"选项，在右侧面板中设置"光晕"为 27%、"饱和度"为 -24%、"温和光晕"为 -31%、"阴影"为 80%、"亮度"为 100%，单击"确定"按钮，效果如图 13-39 所示。

图 13-39　使用"魅力光晕"功能处理画面色调

Step08 接下来我们调整一下画面的整体色调。在"图层"面板中，新建一个"可选颜色"

调整图层，在"属性"面板的"颜色"列表框中选择"蓝色"选项，在下方设置"青色"为 19、"洋红"为 -12、"黄色"为 -8、"黑色"为 -3；在"颜色"列表框中选择"黄色"选项，在下方设置"青色"为 -13、"洋红"为 1、"黄色"为 24、"黑色"为 -7，调整之后的星轨照片效果如图 13-40 所示。

图 13-40 调整"可选颜色"之后的星轨照片

Step09 再次打开 Camera Raw 窗口，在右侧的"基本"面板中，设置"色温"为 -5、"对比度"为 5、"清晰度"为 17，调整照片偏冷的色调；然后通过径向滤镜工具为照片添加暗角，使星轨照片更加有质感；最后使用画笔工具提亮岩石的色彩，效果如图 13-41 所示。

图 13-41 精修星轨照片后的最终效果

128 使用插件处理星轨照片进行降噪

接下来，我们使用 Noiseware 插件来处理星轨照片，给画面进行降噪处理，下面介绍使用 Noiseware 插件处理星轨照片的具体方法。

Step01 在菜单栏中，选择"滤镜"｜ Imagenomic ｜ Noiseware 命令，如图 13-42 所示。

Step02 弹出 Noiseware 对话框，❶在左侧设置 Preset 为 Landscape，在中间可以预览画面降噪的效果；❷单击右侧的 OK 按钮，如图 13-43 所示，即可对画面进行降噪处理。

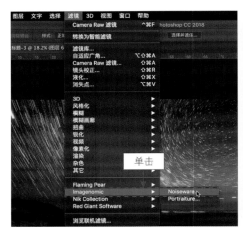

图 13-42　单击 Noiseware 命令

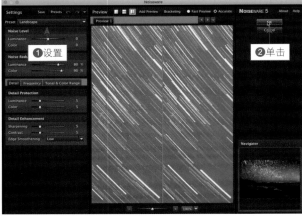

图 13-43　对画面进行降噪处理

Step03 至此，星轨照片处理完成，我们来预览一下照片的最终效果，如图 13-44 所示。

图 13-44　预览照片的最终效果